# HISTORIQUE

DU

# 65ᵉ RÉGIMENT D'INFANTERIE

ÉVREUX, IMPRIMERIE DE A. HÉRISSEY ET FILS.

PUBLICATION DE LA RÉUNION DES OFFICIERS

# HISTORIQUE

DU

# 65ᵉ RÉGIMENT D'INFANTERIE
# DE LIGNE

EXTRAIT DU REGISTRE DES MARCHES ET OPÉRATIONS DU RÉGIMENT

PARIS

CH. TANERA, ÉDITEUR

LIBRAIRIE POUR L'ART MILITAIRE, LES SCIENCES ET LES ARTS

**Rue de Savoie, 6**

1875

# HISTORIQUE

DU

## 65ᵉ RÉGIMENT D'INFANTERIE DE LIGNE

---

Le 65ᵉ régiment a été formé en 1678, des débris des régiments de Génevois et de Chablis, que le duc de Savoie avait donnés à Louis XIV.

Il porta d'abord le nom de Saint-Laurent, de son premier colonel, jusqu'en 1687. Il prit alors celui de Nice.

Le régiment de la Tour d'Auvergne y fut incorporé en 1747.

Le 65ᵉ, qui n'avait que 2 bataillons, eut pour colonels :

En 1706, le marquis de Séran ;
En 1716, le premier de ses fils ;
En 1718, le second de ses fils ;
En 1734, le marquis d'Anglety ;
En 1744, le marquis de Chateau-Gay ;
En 1756, le vicomte de la Tournelle.

Par ordonnance du 10 décembre 1762, le 65ᵉ fut incorporé au 15ᵉ, du nom de Lyonnais, qui n'avait que 2 bataillons, et fut ainsi porté à 4.

Le n° 65 fut alors donné au régiment de Boulonnais, et destiné au service de la marine et des colonies, et à la garde des ports.

Il eut pour colonels :

En 1756, le chevalier de la Tour d'Auvergne;

En 1762, le comte de Bion;

En 1766, le marquis de Sennevoi.

Le n° 65 est donné en 1772 à Angoumois, créé en 1684, Boulonnais devenant 64° par la mise hors numéro des grenadiers de France. Il avait pour colonel le marquis de Frémur.

Le n° 65 est donné en 1776 à Royal-Comtois, Angoumois devenant 72°. Il avait pour colonel le comte de Castigo.

Le n° 65 est donné en 1776 au régiment Royal-Italien, Royal-Comtois devenant 76°. Il avait pour colonel le marquis de Monti.

Le n° 65, de 1787 à 1789, est donné au régiment d'Érinil, colonel le comte d'Érinil, Royal-Italien ne figurant plus.

Il résulte de ce court exposé que le n° 65, sous l'ancienne monarchie, a appartenu à plusieurs individualités régimentaires. Les numéros n'avaient pas alors l'importance exclusive qu'ils ont acquise depuis la Révolution, les régiments étant alors habituellement désignés par le nom de leur colonel ou par celui de la province où ils avaient pris origine.

En 1793, la dénomination de « demi-brigade » ayant été substituée à celle de régiment, le 65° de ligne devient la 65° demi-brigade.

En 1798, un remaniement complet des troupes d'infanterie fut décidé, et le 14 janvier 1799 (25 nivôse an VII) la 65° demi-brigade est reformée, à Rouen, des noyaux des 4° et 16° demi-brigades de nouvelle formation, et des conscrits de l'an VII, des départements du Calvados et de la Lys.

Au mois de février 1803, la 65° demi-brigade est envoyée au camp de Brest. Les deux premiers bataillons sont embarqués à Brest pour l'Irlande, et font cette campagne.

Au mois de janvier 1804, le bataillon-dépôt est dirigé du camp de Brest sur Boulogne; il y est rejoint par les deux bataillons de guerre rentrant d'Irlande.

Le régiment entier est au camp de Boulogne.

Un décret des consuls de l'an XI (1803) ayant réorganisé les demi-brigades en régiments, la 65° demi-brigade devient le 65° régiment de ligne le 25 ventôse an XII (16 mars 1804).

# 65ᵉ RÉGIMENT DE LIGNE

## 1804-1830

Le chef de l'ancienne 73ᵉ demi-brigade, M. Coutard, est nommé colonel du 65ᵉ. Il prend le commandement du régiment le jour même.

Le 16 août, le régiment assistait à l'inauguration militaire de l'empereur Napoléon, et à la distribution des décorations de la Légion d'honneur. Le colonel est fait chevalier.

Le 27 août, l'empereur lève le camp de Boulogne. Le régiment est dirigé sur le Rhin. Le 3 novembre, un de ces bataillons était en Hollande et recevait l'ordre de passer en Hanovre. Le 22, le régiment est incorporé à la Grande-Armée, dans la division Michaud, au 8ᵉ corps formé à Mayence, sous le commandement du maréchal Mortier. Trois jours après, le 25, il occupait le Mecklembourg sous les ordres du général Grandjean.

Durant toute l'année 1805, le régiment opère dans le Mecklembourg et dans la Hesse, le 8ᵉ corps ayant mission de déposséder l'électeur de ce dernier État, et de relier le Rhin avec la Grande-Armée.

En 1806, le régiment passe en Hollande. Le bataillon de dépôt tient la garnison d'Anvers, puis fait partie du corps d'observation sur la Meuse. Il se distingue à la défense de Flessingue, et vient ensuite prendre la garnison de Gand, où il reste jusqu'en 1810.

Pendant que le 65° est en Hollande, un affreux incendie dévore la ville de Leyde. Le régiment offre une journée de solde en faveur des victimes.

A cette occasion, le ministre des affaires étrangères de Hollande écrit la lettre suivante :

« Monsieur le colonel, j'ai rendu compte au roi mon maître
« de la lettre que vous m'avez fait l'honneur de m'adresser
« le 5 février 1807, pour offrir au nom de votre régiment un
« don de 1,500 francs aux malheureux de la ville de Leyde.

« Sa Majesté, vivement touchée de cette offre généreuse, m'a
« autorisé à vous remercier de sa part et à vous marquer qu'elle
« est acceptée avec gratitude.

« L'alliance de la valeur et de l'humanité a de tout temps
« distingué les guerriers français, et ces qualités, portées au
« plus haut point par le 65° régiment, lui assurent à jamais
« l'admiration et l'attachement de la nation hollandaise.

« Veuillez, Monsieur le colonel, vous rendre l'interprète de
« ces sentiments auprès des braves militaires que vous com-
« mandez avec tant de gloire, et veuillez agréer, etc ».

Dix jours après, le roi exprime lui-même sa satisfaction et sa gratitude :

« Monsieur le colonel Coutard, j'ai reçu la lettre que vous
« m'avez écrite pour m'offrir, au nom de vos officiers, sous-
« officiers et soldats, le montant d'une journée de solde pour
« les infortunés habitants de la ville de Leyde.

« J'ai reçu avec bien du plaisir cette nouvelle preuve de votre
« souvenir et de votre dévouement pour moi, et je vous invite

« à en exprimer les témoignages de ma satisfaction aux officiers,
« sous-officiers et soldats du bon et brave régiment que vous
« commandez.

« Sur ce, Monsieur le colonel Coutard, je prie Dieu qu'il
« vous ait en sa sainte garde.

« Louis.

« Palais royal de la Haye, le 17 mars 1807 .»

Au mois de février 1807, la division Grandjean garde le littoral de l'Allemagne. Le 65° est établi devant Stralsund, maintenant dans cette place un corps de 15,000 Suédois qui y était renfermé.

Le 7 mars, le régiment reçoit l'ordre de quitter le 8° corps pour passer au 3°, et de se diriger sur la Passarge. A cette occasion, le maréchal Mortier écrivit au colonel la lettre suivante :

« Au quartier général de Wiltzow, le 27 mars 1807.

« J'ai reçu avec beaucoup d'intérêt, Monsieur le colonel,
« votre lettre du 10 mars, et croyez que je ne vous ai pas vu
« sans peine quitter le 8° corps, ainsi que votre beau régiment.

« Appelé par S. M. l'Empereur sur un plus grand théâtre,
« je ne doute pas qu'il n'y remplisse sa tâche d'une manière
« distinguée et qu'il ne soutienne son ancienne réputation.

« Agréez, etc.

« Ed. Mortier. »

Le 65° se trouve alors sous les ordres du maréchal Davoust, 1<sup>re</sup> division du 3° corps, brigade l'Huillier.

Le 15 avril, la division était baraquée dans un village en arrière d'Allenstein. Elle est placée, le 10 juin, en réserve à la droite d'Eylau, sous les ordres immédiats de l'empereur. Elle y reste jusqu'à 4 heures du soir, et se met en mouvement pour rejoindre le corps qui marchait sur Kœnigsberg, où elle arrive le 14. Le 15, elle s'avançait sur Friedland, appuyant les mouvements des corps engagés. On apprend le gain de la bataille à Abschwangen, où l'on s'arrête.

De nouveaux ordres portent la division sur Tapiau. Il faut passer la Prégel, et la rive est défendue. Le général Marulaz exécute un simulacre de passage de bateaux, tandis que le 65° traverse, à minuit, à une lieue plus loin, vis-à-vis de Crémilton, au-dessus de Tapiau. Le régiment surprend l'ennemi et lui fait des prisonniers. Le passage était forcé.

Le 16, à 8 heures du matin, le 3° corps était réuni en face de Tapiau, au-delà de la rivière.

On s'attendait à une action décisive; la 1re division s'avança et campa à Baudeninken, en avant de Tilsitt.

Au lieu d'une bataille, c'est l'entrevue et la paix qui la suit.

Le 65° occupe Tilsitt. L'armistice conclu le 21 juin laisse le 3° corps dans ses baraquements jusqu'au 20 juillet.

A la signature du traité, il rétrograde et va s'établir dans le grand-duché de Varsovie.

Le régiment reste à Varsovie jusqu'au mois de décembre.

Au mois de janvier 1808, il va prendre la garnison de Dantzig. Il reste dans cette place jusqu'au mois de septembre. A cette époque, le 3° corps tout entier, composé des 4 divisions Friant, Morand, Gudin et Saint-Hilaire, va prendre ses quartiers d'hiver dans la

Thuringe. Le 65ᵉ, dès le départ de Dantzig, est placé dans la 2ᵉ division (général Morand).

Le 1ᵉʳ avril 1809, les 4 divisions reçoivent l'ordre de se mettre en mouvement par Nuremberg, pour se porter vers Ingolstadt et passer le Danube. Le mouvement s'accomplit, et le 3ᵉ corps arrive à Ratisbonne. Il manœuvre sur la rive gauche du Danube jusqu'au 17 avril.

Le 18, au matin, le général Klénau, commandant l'avant-garde du 2ᵉ corps de l'armée autrichienne, se présente sur la rive droite du Danube. Il se disposait à y faire des retranchements. Le maréchal Davoust veut le repousser et envoie le 65ᵉ contre lui, avec ordre de passer la Regen. Il était 2 heures du soir environ.

L'attaque fut vive, et l'engagement dura plus de deux heures.

Klénau, battu, se retira; la place était dégagée.

Le soir, le 65ᵉ repasse la Regen et prend position sur les hauteurs de la Trinité, en avant d'un des faubourgs de la ville de Ratisbonne, nommé Stadt-am-Hoff. Il avait, sur les instructions du maréchal, brûlé le pont de la Regen.

Cette position était importante; elle couvrait la retraite de la division du général Friant, qui, en effet, passa le Danube dans la matinée du 19, pour aller rejoindre le corps du maréchal, qui était à Abensberg.

Le maréchal Davoust avait réservé au 65ᵉ le rôle périlleux de garder Ratisbonne contre les armées nombreuses qui allaient l'attaquer par la rive droite et par la rive gauche du Danube; mais il comptait, disait-il, sur « cet excellent régiment ». Il donna, dans la nuit du 18 au 19, les instructions suivantes :

« Le colonel Coutard tiendra la hauteur de la Chapelle, qu'il
« conservera jusqu'à ce qu'il voie des dispositions d'attaque ;
« alors il se replierait dans la ville, et lèverait les ponts-levis.
« Il placera de suite aux différentes issues des soldats, qui, par
« le moyen des créneaux, défendront la place ; la majeure par-
« tie de sa troupe sera sur les places.

« Si le colonel Coutard entendait une canonnade sur la route
« que prend l'armée, il se tiendra en mesure d'évacuer la
« place, et ira rejoindre sa division, dont il a l'itinéraire ; mais
« il ne le fera que par ordre. Dans le cas contraire, il évacuera
« cette place la nuit prochaine, il se portera sur Abensberg
« par la droite d'Albach, et il trouvera à Abensberg du monde
« de sa division.

« Il est essentiel qu'il tienne toutes les portes de la ville fer-
« mées ; il ne laissera sortir aucun habitant, et n'ouvrira les
« portes qu'après avoir bien reconnu. Qu'il fasse bien manger
« ses troupes.

« Si l'ennemi se présentait pour tirer quelques coups de
« canon sur la rive gauche, et que cela fît du désordre en ville,
« il contiendra la population et déclarera aux autorités qu'elles
« sont rendues responsables de tout mouvement populaire ; les
« coups de canon de l'ennemi ne doivent lui faire évacuer la
« ville plus tôt que ses ordres ne le portent.

« Le maréchal duc D'AUERSTAEDT. »

Le 19, sur les 2 heures, le corps entier des généraux Kollowrath et Klénau attaqua Stadt-am-Hoff. Ce corps avait 10 bataillons, 12 escadrons, une artillerie nombreuse.

Les canons firent d'abord les plus grands ravages dans le faubourg. Ils prenaient en flanc, en tête et par derrière un bataillon (le 1er), chargé de la défense de ce point, sous les ordres du commandant de Rougé.

Ce bataillon, après la plus vigoureuse résistance, se retira d'abord sur le pont, rentra en ville et fit lever le pont-levis.

Dix minutes après, le pont-levis se rabaissait, et une charge des plus vigoureuses était exécutée. Le colonel avait réfléchi que l'absence des riches habitants du faubourg porterait les ennemis à le piller; il résolut de le reprendre.

Exhortant chaleureusement ses troupes et leur donnant les instructions les plus précises, il les lança au pas de course sur les Impériaux. Cette brusque sortie eut un merveilleux succès. On se battit à coups de fusil, à coups de baïonnette, à coups de crosse, à coups de poing, à coups de pied. C'était un pêle-mêle inouï.

Les Autrichiens surpris, épouvantés, furent mis en déroute et évacuèrent le faubourg, laissant derrière eux plus de 400 prisonniers, dont 10 officiers, le drapeau du régiment de Froën et 3 guidons.

L'ennemi avait perdu 1,500 hommes; le 65° avait 800 tués ou blessés.

Le bataillon coucha dans Stadt-am-Hoff reconquis.

Le 19, à 8 heures du soir, le colonel adressait au maréchal Davoust le rapport suivant :

« Monseigneur, à 2 heures après midi, j'ai été attaqué par
« ma gauche, à la position de la Trinité, par 2 régiments
« d'infanterie, 1 de hulans, 1 de dragons et 30 pièces de canon.
« Je savais que vous vous battiez, j'entendais le canon, j'ai
« annoncé d'avance la victoire que vous avez remportée, et nous
« avons reçu l'attaque de l'ennemi aux cris de « Vive l'Empe-
« reur ! »

« Je suis resté maître du faubourg de Stadt-am-hoff, j'ai fait
« 400 prisonniers, dont 8 officiers, et pris 2 drapeaux et 2 cor-
« nettes. L'ennemi a considérablement souffert. Tout le régi-
« ment mérite des éloges. M. le commandant de Rougé s'est
« couvert de gloire. Le capitaine de grenadiers Compin a pris
« 1 drapeau. Plus tard j'aurai l'honneur d'adresser à Votre
« Excellence, avec un rapport plus détaillé, le précis des faits
« particuliers qui honoreront le régiment.

« La moitié de mon monde est hors de combat, et depuis
« 2 heures je me bats avec les cartouches des prisonniers que
« j'ai faits.

« Je tiendrai, Monseigneur, mais envoyez-moi des car-
« touches. »

Le lendemain, le maréchal Davoust adressait ce rapport au duc de Dantzig, et il y joignait une lettre pour l'empereur.

Dans cette lettre d'envoi, le maréchal dit :

« J'avais laissé un régiment, le 65e, à Ratisbonne ; il a été atta-
« qué par 10,000 à 11,000 hommes. L'ennemi a été complète-
« ment battu. On lui a pris 2 canons, 2 drapeaux et 400 prison-
« niers. »

Puis, la lettre à l'empereur :

« Sire, j'ai l'honneur d'adresser à Votre Majesté un rapport
« que je viens de recevoir. J'ai fait de suite passer au colonel
« Coutard un bataillon de renfort, des munitions et un détache-
« ment de 100 chevaux. »

En effet, conformément à cette dépêche, à 7 heures, le capitaine Trobriand, porteur d'un ordre du maréchal Davoust, était arrivé à Ratisbonne. Il avait recommandé au colonel de garder sa position, et non de se retirer sur Abensberg, comme le portaient ses premières instructions.

Rien n'était plus difficile : le régiment était épuisé ; il n'avait plus de munitions, il ne possédait ni un canon, ni un caisson d'infanterie ; il n'avait que les cartouches de ses prisonniers.

M. de Trobriand promettait que le lendemain, avant le jour, la garnison recevrait 2 bataillons de renfort et des munitions.

La nuit fut calme. Le régiment en profita pour refaire ses forces et préparer la résistance.

Toute la matinée du lendemain, on se tint en observation ; mais, vers 10 heures, les renforts attendus furent repoussés par une division autrichienne, et les caissons enlevés par l'avant-garde.

Le 65° vit à la fois ses espérances de secours complétement détruites et les forces de l'ennemi se déployer contre la ville.

Bientôt les 15,000 hommes de la division Lichtenstein occupèrent la route d'Albach, et interceptèrent cette seule communication par où le régiment pouvait rejoindre l'armée.

On ne saurait se figurer l'angoisse et la douleur du colonel et de ses braves soldats. Investis par 36,000 hommes, privés de tout secours, enfermés dans une place détestable, que défendaient à peine une mauvaise enceinte, de mauvais fossés et une mauvaise contrescarpe ; n'ayant plus de cartouches, que pouvaient-ils faire ? On songea bien à une trouée, mais comment la tenter sans munitions ? On attendit.

Enfin, vers 2 heures, le prince Lichtenstein envoya au colonel un de ses aides de camp pour lui offrir une capitulation.

Quinze cents hommes blessés, exténués, avaient donc arrêté deux armées, et cette puissante diversion, en occupant Kollowrath et Lichtenstein, avait assuré le succès du combat d'Abensberg et de la bataille d'Eckmül.

Après avoir essayé de gagner du temps en pourparlers, le colonel fut enfin obligé, à 4 heures, de capituler.

Plein d'une juste estime pour d'aussi braves adversaires, le prince de Lichtenstein leur donna les plus honorables conditions.

En voici le texte :

« M. le baron de Coutard, colonel du 65ᵉ régiment d'infanterie de ligne, et les officiers de son régiment faisant la garnison de Ratisbonne, gardent leurs armes et bagages et rentrent en France sur leur parole d'honneur.

« La garnison sortira avec les honneurs de la guerre.

« Les sous-officiers et soldats déposeront leurs armes et garderont leurs bagages.

« L'heure de leur départ est fixée à 6 heures.

« Les postes seront rendus aux troupes autrichiennes immédiatement, les chevaux et voitures y compris.

« Au bivouac devant Ratisbonne, le 20 avril 1809.

« Signé : le baron DE COUTARD,
« Colonel du 65ᵉ régiment.

« Signé : Jean, prince DE LICHTENSTEIN,
« Général de cavalerie. »

Le soir, le colonel envoyait au maréchal Davoust un rapport ainsi conçu :

« Par un rapport d'hier, 8 heures du soir, j'avais fait con-
« naître à Votre Excellence les résultats avantageux de la jour-
« née et mes dernières ressources. J'employai toute la nuit du
« même jour à faire mes dispositions pour une seconde atta-
« que. Le nouvel ordre de tenir et les espérances apportées par
« un aide de camp de Votre Excellence nous promettaient une
« journée heureuse ; mais rien n'ayant pu pénétrer jusqu'à nous,
« toutes nos munitions étant épuisées, et menacé d'une triple
« attaque que je ne pouvais repousser sans cartouches, ayant
« devant moi la division de M. le général Kollowrath, cerné
« par M. le prince de Lichtenstein, je me suis vu réduit, après
« plusieurs sommations faites par ces deux généraux, à rendre
« la ville aujourd'hui à 5 heures du soir à Son Altesse, qui, en
« considération de la belle défense du régiment, laisse les ba-
« gages aux soldats et renvoie les officiers sur leur parole, avec
« leurs armes.
« Je ne puis trop me louer des procédés généreux du prince
« envers les prisonniers.
« D'après les dernières instructions de Votre Excellence, mes
« deux aigles sont aux gros équipages du régiment.
« Le sentiment d'avoir fait mon devoir, la belle conduite de
« mon régiment ne calment pas le chagrin de ma position
« fâcheuse.

« 20 avril, 10 heures du soir. »

Ce fut le 21, à 4 heures du soir, que le 65° dut déposer les armes. Tous avaient les larmes aux yeux et la colère dans le cœur. Un cri unanime et solennel s'éleva : « Vive l'Empereur ! Vive l'Empereur de France ! »

Le prince de Lichtenstein, dont le courage sympathisait à la bravoure malheureuse, combla des procédés les plus honorables les débris héroïques de l'infortuné régiment.

Les officiers et les sous-officiers étaient prisonniers sur parole; les musiciens, les fifres et les tambours, tous les non-combattants furent également rendus. Ils restèrent tous à Ratisbonne.

Le 24, le maréchal duc de Montebello reprenait la ville et délivrait le 65°.

L'aigle du régiment avait été enterrée (c'est ce que le colonel entendait par ces mots de son rapport : *mes aigles sont aux gros équipages*), pour que les Autrichiens ne pussent la prendre, et le colonel la présenta à l'empereur, enveloppée dans les deux drapeaux ennemis que le régiment avait conquis. Un sapeur sauva ces drapeaux en traversant, la nuit, les fossés de Ratisbonne à la nage.

Les cadres du régiment, étant prisonniers sur parole, ne pouvaient plus combattre les Autrichiens. Le colonel, dans son entrevue avec l'empereur, lui demanda l'autorisation de prendre des hommes dans le dépôt général de Strasbourg, de faire venir tout ce qui était disponible au dépôt du régiment à Gand, et, aussitôt les cadres remplis, d'envoyer le 65° en Espagne.

Huit jours après, le régiment se réorganisait déjà. Le 2 mai, le maréchal Davoust écrit à l'empereur que le 65° a ordre de se diriger sur Augsbourg.

Le 9 mai, le 65° comptait déjà 755 hommes, dont 3 seulement hors d'état de combattre. Le lendemain il partait pour Augsbourg. Le chambellan du prince-primat écrit à l'occasion de ce départ que « le 65ᵉ et son digne chef ne seront jamais oubliés à Ratisbonne. Il n'y a qu'une voix là-dessus. »

Cependant l'empereur n'oubliait pas le 65ᵉ. Le 11 juillet, il mande de Schœnbrun au maréchal Davoust :

« Mon cousin, écrivez au colonel du 65ᵉ pour qu'il vous en-
« voie les états de situation de son régiment. Vous lui ferez
« connaître que deux de ses bataillons doivent se trouver
« réunis à Augsbourg, que deux doivent être formés à son
« dépôt en Flandre, et que le 4ᵉ est en marche de Vienne pour
« le rejoindre ; qu'il recevra 2,000 hommes sur la conscription,
« dont 1,000 à son dépôt et 1,000 qui le rejoindront à Stras-
« bourg ; que j'ai ordonné que son 3ᵉ bataillon parte avec
« 1,000 hommes pour Augsbourg, et qu'ainsi j'espère qu'il
« aura dans le courant d'août 4 bataillons formant de 3,000 à
« 4,000 hommes en état de servir.

« Vous lui ferez connaître que probablement les 900 hommes
« de son régiment qui sont prisonniers de guerre vont être
« rendus, ce qui portera chaque bataillon à beaucoup plus que
« le complet et mettra ce régiment à même de former une
« belle réserve de 4,000 hommes à Augsbourg. Le bataillon
« du 46ᵉ, qui doit être arrivé à Augsbourg, sera joint à cette
« réserve, ce qui donnera à la division Lagrange une colonne
« de 5 bataillons en bon état. »

En effet, le 30 juillet 1809, le général Lagrange entrait dans le Tyrol avec ses troupes. Il campait en août près de Lindau. La paix de Vienne avait rendu tous les prisonniers à la liberté ; le 65ᵉ était redevenu un des plus beaux régiments de l'armée.

L'empereur, pour récompenser le régiment, ordonna d'y prendre 40 hommes pour sa garde.

Le 13 septembre 1809, l'empereur écrit :

« Mon cousin, vous ferez partir demain le 65ᵉ pour se rendre « à Augsbourg. Vous ferez connaître au général Lagrange que « l'air de Lindau étant très-malsain, mon intention est qu'il « n'y laisse pas de troupes françaises, et personne, surtout le « 65ᵉ, qui, moyennant ce qui vient d'arriver, passera 3,000 « hommes, et sera un des plus beaux corps de l'armée.

« Vous ordonnerez qu'il soit tiré de ce régiment 20 hommes « pour mes grenadiers et 20 pour mes chasseurs. »

Le 65ᵉ quitte Augsbourg et l'armée d'Allemagne le 1ᵉʳ octobre, et le 3 décembre 1809 il était à Bayonne, dans la division Lagrange, au 8ᵉ corps d'armée, que commandait le duc d'Abrantès.

Le 15 mai 1810, il se rend à Saint-Sébastien et de là à Valladolid, où il reste jusqu'en juin. Le duc d'Abrantès y trouve 4,200 hommes sous les armes, dont 600 grenadiers et 600 voltigeurs. Il en était émerveillé.

Le combat d'Astorga est le début du régiment dans la péninsule. Il s'y fait remarquer par sa brillante conduite.

Un ordre attacha le 65ᵉ à l'armée de Portugal, commandée par le maréchal Masséna. Sous le général de division Solignac, le régiment s'établit à San-Felice-el-Grande et à Viti-Gudino ; puis, du 1ᵉʳ au 14 juillet, il fait partie du corps d'observation qui, sur la rive gauche de la Guéda et de la Zava, surveille l'armée anglaise et protége les opérations du siége de Ciudad-Rodrigo.

L'invasion du Portugal étant ordonnée, le régiment quitte ses positions pour se porter en avant. A la troisième journée de marche, la colonne est assaillie par les partisans du colonel Trent. La colonne ne doit son salut qu'à un retour offensif. Le 65° est chargé de cette opération, qui réussit à la dégager.

Le corps d'armée débouche par le Mondégo et arrive sur la route de Coïmbre. Il rencontre l'armée anglaise et lui livre bataille dans la plaine de Bussaco.

Le 65° prend part à cette bataille, où il a 200 hommes hors de combat.

La marche heureuse du maréchal Masséna, dans la nuit du 28 au 29, oblige les Anglais, qui se croyaient vainqueurs, à fuir en toute hâte sur Coïmbre. Leur retraite est chaudement inquiétée, et le régiment, parvenant à joindre les dernières troupes ennemies aux environs de la place, leur fait subir des pertes notables en plusieurs rencontres.

Le mouvement en avant continue. Placé à l'avant-garde, avec le général Montbrun, le 65° campe à Mulianos et à Atenguer; le 12 octobre, il était dans les oliviers qui entourent Villa-Franca, en face des fameuses lignes de Torrès-Védras, immense camp retranché, dans une position inexpugnable.

Le 13 octobre, le 65° occupe Sobral, et, plusieurs jours durant, il soutient et repousse d'incessantes attaques.

Le 20, le régiment s'établit devant Lisbonne.

C'est durant cette station périlleuse que des soldats du 65° surprennent et amènent au général M. Robert Peel, qui devint premier ministre de la Grande-Bretagne.

Le 15 novembre, le régiment se porte à Aveiras-de-Cima, puis à Ornévo, où il achève l'année 1810.

Le 5 janvier 1811, il campe à Torrès-Névas. Le 19 janvier, le prince d'Essling ordonne une reconnaissance sur la ville de Rio-Mayor; le 65° en fait partie.

A l'approche de nos troupes, la ville est évacuée, non sans combat. Le duc d'Abrantès reçoit une balle dans la tête.

La reconnaissance opérée, la colonne revenait quand la cavalerie anglaise chercha à l'inquiéter.

Une charge vigoureuse en eut bientôt raison. 20 hommes et autant de chevaux restèrent sur la place. C'est à la compagnie de voltigeurs du 3° bataillon du 65° qu'est dû ce succès.

Le reste de la campagne se passe sans engagements beaucoup plus sérieux; il n'est guère question que de changements de postes, les uns occupés aisément, les autres enlevés après résistance.

L'armée ne pouvant plus garder les cantonnements aux embouchures du Tage, la retraite devient nécessaire.

Les troupes repassent la frontière et s'échelonnent entre Alméida, Ciudad-Rodrigo et Salamanque.

Le 65° suit ces mouvements divers. On le voit à Aléjos, puis à Salamanque. A peine y est-il établi que l'ordre de reprendre l'offensive est donné.

Le 5 mai, on atteint les Anglais. Ce fut la célèbre journée de Fuentès-de-Onôro. Le 65° campa sur le champ de bataille. Ce fut un de ses officiers qui, au péril de sa vie, porta au général Brénier l'ordre de faire sauter la forteresse d'Almeida.

Le maréchal Masséna quitte le commandement. Il est remplacé par le maréchal Marmont.

L'armée de Portugal est réorganisée, et le 65° est placé dans la 1re brigade de la 6° division (général Brénier).

On se mit en mouvement pour entrer dans l'Estramadure et secourir la place de Badajoz.

La 6° division franchit le col de Banôs et descend sur le Tage. Voici les divers points qu'occupe le 65° :

Le 5 juin, il est à Matilla; le 8, à San-Pedro-de-Rozados; le 9, à Fuente-Roble; le 10, à la Calzada; le 11, à Banôs; le 12, à la Olliva; le 13, à la Plasencia. Après avoir bivouaqué le 14 juin sur la gauche du Tiétar, la 1re brigade, sous les ordres du colonel du 65°, passe le Tage le 15; elle occupe Truxillo le 17. Le 19, le 65° se cantonne à San-Pedro; le 26, à Montanchès et au Val-de-Fuentès.

Dans ces positions on prend une sorte de trêve forcée, que l'ardeur du climat imposait à tous les adversaires. Quelques escarmouches seulement eurent lieu.

Le 12 juillet, un bataillon du régiment est dirigé sur Lugar-Nuovo, pour garder le pont du Tage; deux autres jalonnaient la route et conservaient libre ce chemin si précieux pour l'armée. C'était par là également que Ciudad-Rodrigo pourrait être ravitaillé.

Or, cette ville formait le point de mire des opérations de Wellington. Elle allait être réduite aux dernières extrémités; sa garnison ne recevait plus qu'une demi-ration. Le 23 août, la 6ᵉ division pousse une vigoureuse reconnaissance vers l'ennemi, pour détourner son attention, et le 65ᵉ facilite l'entrée d'un convoi de subsistances dans la place assiégée.

Après cet heureux effort, le régiment vint camper à Béjar, où le colonel Coutard apprend que, par décret du 6 août, il est nommé général de brigade.

On a constaté que, jusqu'à ce point de la campagne, le régiment s'était abstenu de ces actes de violence et de rapine qui avaient excité à un si haut point la colère et la vengeance des Espagnols; il en était résulté pour lui un haut renom de probité dont, à plusieurs reprises, il recueillit les fruits. Tandis que les morts des autres régiments n'étaient pas même respectés; tandis que leurs prisonniers étaient traités avec une cruauté et une barbarie sans égale, un sentiment d'humanité particulière accueillait les soldats du 65ᵉ. Les guérillas eux-mêmes regardaient aux boutons de l'uniforme. Quand ils voyaient le n° 65, ils faisaient quartier, et souvent renvoyaient sans rançon.

Le 24 août, le régiment, avec toute l'armée, se dirige sur la Coa, à la poursuite de l'armée anglaise. Le 25, à 5 heures du soir, la 1ʳᵉ brigade de la 6ᵉ division rencontre l'ennemi en force près d'Aldeaponte, où se livre un combat assez vif, auquel le 65ᵉ prend part, et qui se termine à notre avantage.

La 6ᵉ division revient dans la vallée du Tage. Elle est chargée d'observer l'Alagon[1], l'Estramadure, et

---

[1] Affluent du Tage.

d'avoir l'œil sur les forts de Miravete et Lugar-Nuovo

Le 19 novembre, le 65°, avec la 6° division, se dirige à marches forcées sur Salamanque; il est arrêté en route par la nouvelle de la prise de Ciudad-Rodrigo par les Anglais le 18 novembre, et revient occuper le versant des montagnes de la vallée du Tage, aux environs de Montebeltro, où il reste en observation jusqu'au 23 février 1812, époque à laquelle on se porta sur Badajoz pour empêcher les Anglais de faire le siége de cette place.

Au commencement de mars, le régiment quitte la vallée du Tage pour se porter sur la Tornès.

A la fin du même mois, il quitte la Tornès et arrive, le 31, sur l'Aguéda, passe cette rivière et concourt à l'investissement de Ciudad-Rodrigo.

Le 20 avril, le 65° se retire de devant la place, repasse la Tornès, et, le 25, il campait à Médina-del-Campo. Le 4 juin, il laisse son campement et se dirige sur Salamanque, où il arrive le 8.

Les Anglais se présentent devant Salamanque le 16.

Dans la nuit du 16 au 17, on évacue cette place pour prendre position à Bleines, point indiqué pour le rassemblement des troupes.

Le 20, cinq divisions étant rassemblées, elles se portent au-devant de l'armée anglaise. Cette démonstration fait suspendre le siége déjà commencé.

Le 23, au matin, le 65°, avec toute l'armée, se retire et prend position à Aldéa-Rubia.

Par suite de la reddition de Salamanque, le 27 juin, l'armée prend d'autres positions en arrière.

Le 28, le régiment est sur la Guarenâ; le 29, sur la Trabanjos, où il séjourne le 30 juin.

Le 1ᵉʳ juillet, il est en position sur le Zapardiel, et le 2 il repasse le Duero à Tordésillas.

Le 65ᵉ reste campé sur le Duéro jusqu'au 15 juillet.

Le 16, dans la nuit, il repasse le Duéro à Tordésillas, et, le soir du 17, il prend position, avec toute l'armée, à Nava-del-Rey.

Le 18, il se porte sur la rive droite de la Guarêna, où il reste la journée du 19.

A quatre heures du soir, le 19, il prend position à l'Olmo.

Le 20, il campait sur les hauteurs d'Aldea-Rubia.

Le 21, passage de la Tornès; le 65ᵉ campe entre Alba-Tornès et Salamanque.

Le 22 juillet, bataille de Salamanque. Dès le matin, le régiment occupe une position à la tête des bois, derrière les hauteurs des Arapiles. Vers midi, il est chargé de la défense du plateau de la tête des bois, où se trouvait un grand nombre de pièces de canon, et ne se retira qu'après que l'artillerie fut sauvée et lorsque la retraite, commencée environ une heure après que le maréchal Marmont eut été blessé, était déjà en pleine exécution pour toutes les divisions.

Se retirant en bon ordre, le 65ᵉ alla camper le soir de la bataille à Alba-Tornès, où il était la veille.

Le 23, le régiment atteignait Pênarauda; le 25, il repassait le Douro, à Aranda, se dirigeant sur Burgos. A son arrivée, le 65ᵉ est placé, avec l'armée, en observation devant cette place. Il y reste jusqu'au mois d'octobre.

En octobre 1812, le 65°, avec l'armée de Portugal, passée sous les ordres du général Clausel, revint prendre position sur le Douro, en face de l'armée anglaise. Contrainte par sa faiblesse numérique de se retirer, l'armée se replie successivement sur Valladolid, Burgos, Brivesca, et enfin s'arrête sur l'Ebre.

Le général Clausel, blessé, quitte le commandement, qui est pris par le général Souham.

L'armée, reposée et renforcée, revient devant Burgos, force les Anglais à évacuer cette place et les poursuit jusque sur le Douro. On passe cette rivière, et, le 11 novembre, on est sur la Tormès. Le 14, les Anglais abandonnent Salamanque et se retirent à Ciudad-Rodrigo.

L'armée de Portugal prend ses cantonnements en Castille, sous les ordres du général Reille.

En janvier 1813, le 65° est cantonné entre la Tormès et le Douro jusqu'en avril. Il se retire alors sur Vittoria, où il arrive le 19 juin, après de nombreux combats contre les guérillas et les Anglais, notamment devant Astorga, où, par sa brillante conduite, le régiment força deux corps anglais et espagnol à débloquer la place, ce qui permit à la garnison de l'évacuer et de rejoindre l'armée.

Le 21 juin, le régiment prend part à la bataille de Vittoria.

Après la perte de cette bataille, il est dirigé, avec toute l'armée de Portugal, dans la vallée de la Bidassoa.

On reste cantonné dans cette vallée jusqu'au 23 juillet.

En juillet, le maréchal Soult prend le commandement des armées d'Espagne et de Portugal. Il les dissout et en forme une seule, composée de 10 divisions, dont une de réserve, formant 3 corps d'armée sous les généraux Reille, Drouet-d'Erlon et Clausel.

Le 65ᵉ est placé dans le corps de Reille, division Maucune. Il est cantonné dans la vallée de Saint-Jean-Pied-de-Port.

Le 24 juillet, le régiment repasse les Pyrénées par le col de Roncevaux. Le 25, il prend part à l'engagement qui refoule une division portugaise et deux divisions anglaises sur Pampelune. Le 27 et le 28, il prend part à des combats sanglants devant Pampelune.

Le 29, il repasse de la Navarre en France.

Le 4 septembre, après avoir de nouveau passé les Pyrénées, le régiment est engagé contre les Anglais à l'attaque de la hauteur de Saint-Martial, près de Saint-Sébastien, pour secourir la garnison de cette place.

Le 8, Saint-Sébastien ayant été emporté par les Anglais, le 65ᵉ repasse la Bidassoa et campe sur la rive droite de cette rivière.

Au mois de décembre 1813, le régiment se distingue à la bataille d'Orthez.

Après cette bataille, il est dirigé sur la Garonne, et, le 10 avril 1814, il assiste à la bataille de Toulouse, après laquelle il va prendre position, avec toute l'armée, à Villefranche, et passe sous les ordres du maréchal Suchet.

Quelque temps après, l'armée d'Espagne est dissoute;

le régiment reste au corps d'observation du midi et des Pyrénées.

Au mois de mars 1815, il est placé au 6° corps d'armée, formé entre Paris et Laon, sous les ordres du comte de Lobau. Le 65° est retiré du 6° corps pour être employé contre l'insurrection de la Vendée. Au mois de mai, il était à Nantes, faisant partie du corps placé sous le commandement du général Lamarque.

Un décret du 3 août 1815 réorganisa l'armée.

Les numéros de régiment sont supprimés, et ce qui reste du 65° prend la dénomination de : *Légion des Pyrénées-Orientales.*

### CAMPAGNES DE L'ANCIEN 65°.

An XII et XIII, au camp de Brest et au camp d'Irlande ;

1805 et 1806, aux armées du Nord et de Batavie (garnison d'Anvers) ;

1807, au 3° corps de la grande armée et au corps d'observation de l'Escaut (garnison de Varsovie) ;

1808, au 3° corps de la Grande-Armée et garnison de Dantzig ;

1809, aux armées d'Allemagne (3° corps) et d'Espagne ;

De 1810, à 1812, aux armées d'Espagne et de Portugal ;

1813, aux armées d'Espagne et de Portugal et au 14° corps de la Grande-Armée ;

1814, au 1ᵉʳ et 6ᵉ corps de la Grande-Armée, au corps de réserve du midi et à l'armée des Pyrénées ;

1815, au 6ᵉ corps d'armée.

Tels sont en quelques mots les titres de gloire de l'ancien 65ᵉ dans l'immortelle épopée qui a jeté sur la France et sur le monde un si vif éclat au commencement du xixᵉ siècle. Des côtes de l'Irlande aux bords de la Vistule, des régions du Danube aux rives du Tage, il fit connaître à l'ennemi sa discipline, sa vaillante intrépidité, souvent aussi l'honnête et sympathique loyauté de ses soldats. Il fut sous les ordres de Mortier, de Davoust d'Auerstaedt, de Junot d'Abrantès, de Masséna, de Marmont, de Souham, de Reille, de Soult, de Mouton, comte de Lobau, de Lamarque.

Son colonel, le comte de Coutard, appartient à l'histoire.

Le 65ᵉ a pris 2 drapeaux. Il fut particulièrement connu et estimé de l'empereur, qui le compta parmi les plus beaux régiments de la Grande-Armée.

# 65ᵉ RÉGIMENT DE LIGNE

### 1830-1874

---

COLONELS AYANT COMMANDÉ LE 65ᵉ DEPUIS 1830.

MM. Arnaud, du 17 août 1830 au 29 août 1839 ;
de Gouvenain, du 21 août 1839 au 31 août 1848 ;
Villien, du 31 août 1848 au 6 novembre 1849 ;
Demailly, du 6 novembre 1849 au 27 juillet 1851 ;
de Martimprey (Ange), du 27 juillet 1851 au 29 octobre 1852 ;
Douay (Charles-Abel)[1], du 13 novembre 1852 au 28 décembre 1855 ;
Drouhot[2], du 29 décembre 1855 au 4 juin 1859 ;
Mennessier, mort des suites de ses blessures, n'a pas paru au corps ;
Bittard des Portes, du 25 juin 1859 au 21 décembre 1868 ;
Sée, du 24 décembre 1868 au 29 octobre 1870 ;
du Guiny, du 29 juillet 1871 au

---

[1] Tué à l'ennemi le 2 août 1870 (Wissembourg), commandait la 2ᵉ division du 1ᵉʳ corps d'armée de l'armée du Rhin.

[2] Tué à l'ennemi le 4 juin 1859 (Magenta).

Les légions départementales, imposées par l'étranger, qui nous enviait notre unité si redoutable et deux fois séculaire, furent la seule organisation militaire de la France pendant la période de 1815 à 1818.

En 1818, la France commence à reprendre la franchise de ses allures.

Les régiments, au nombre de 60, remplacent les légions qui n'étaient pas en harmonie avec la nouvelle constitution politique de la France.

La révolution de 1830, avec les agitations qui en furent la conséquence sur le continent, donna le signal d'une nouvelle activité militaire.

Le roi a décrété la formation de plusieurs nouveaux régiments. De ce nombre était le 65$^e$, composé des débris de la garde royale et des contingents de divers départements.

La formation eut lieu à Courbevoie, sous les auspices du lieutenant général baron Ledru des Essarts, inspecteur général de la 1$^{re}$ division militaire (17 août 1830). Le colonel Arnaud fut le premier chef du 65$^e$.

Dès l'origine de sa nouvelle existence, le 65$^e$, en vertu de son recrutement exceptionnel, se plaçait au nombre des régiments d'élite de l'armée. « C'était sous les armes, disent les contemporains, *une muraille vivante.* » Cette expression pittoresque et si franchement militaire caractérise ce beau régiment, dont les soldats représentaient une génération nouvelle, et dont les officiers avaient connu la victoire sur tous les champs de bataille de l'Europe.

Organisé à 4 bataillons et un dépôt, le 65$^e$ part de

Courbevoie en plusieurs colonnes du 10 au 13 mars 1831, pour tenir garnison à Arras, en se rapprochant de notre frontière septentrionale.

La Belgique, attachée aux Pays-Bas par les traités de 1815, était alors travaillée par des idées d'indépendance et de séparation, que la France avait intérêt à protéger.

Le 21 mai, les bataillons du 65° sont appelés à Amiens pour passer la revue du roi. Ils reviennent à Arras après avoir reçu leur drapeau.

Le 65° est désigné pour faire partie de l'armée du Nord, 3° division, général Sébastiani; 2° brigade, général George. Le mouvement de départ eut lieu les 8, 9 et 10 août 1831.

Le régiment entre en Belgique à deux reprises différentes et revient à Cambrai, où il tient garnison (11 octobre 1831).

La première campagne de Belgique n'avait été qu'une promenade militaire.

Vers la fin de 1831, le régiment recevait successivement les destinations de Douai, de Sedan et de Carignan (Ardennes), de Verdun, Étain et Montmédy (10 janvier 1832).

En avril 1832, il est dirigé sur Metz.

Toutes ces marches semblent être des démonstrations, qui ont pour objet la frontière belge.

Les trois premiers bataillons sont organisés sur le pied de guerre, et quittent Metz pour rejoindre l'armée du Nord à la date des 1$^{er}$, 2 et 3 octobre 1832.

Le 14 novembre, le régiment était placé dans la

2ᵉ brigade de la 4ᵉ division d'infanterie, sous le commandement du maréchal de camp d'Hincourt et de M. le baron Fabre, lieutenant général.

Le 16, il entre en Belgique, et le 20 il est devant la citadelle d'Anvers. Le 19 novembre, à 6 heures 1/2 du soir, il prend part en entier à l'ouverture de la tranchée.

Nous relevons du registre des marches quelques détails pleins d'intérêt sur l'attaque de la lunette Saint-Laurent par le 65ᵉ, et la chute de la citadelle, qui en fut, quelques jours après, la conséquence.

Le 2 décembre, la 3ᵉ compagnie de grenadiers et la 2ᵉ de voltigeurs, commandées par MM. Faivre et Montigny, étant de garde à la tranchée, repoussent à la baïonnette et rejettent dans la place une sortie dirigée sur les travailleurs; un sergent hollandais a été fait prisonnier. La perte éprouvée par ces compagnies a été de 2 tués et 3 blessés. Parmi ces trois derniers était le sergent Choulet, des grenadiers.

Le 13, 2 bataillons du régiment, sous les ordres du colonel Arnaud, vont relever à 10 heures du matin les gardes de tranchée. On apprend avec joie dans les rangs que le mineur attaché à l'escarpe de la lunette Saint-Laurent depuis trois jours était à bout de travail.

Le génie, dirigé par le lieutenant-colonel Vaillant, avait jeté sur le fossé plusieurs radeaux et comblé le reste de la largeur avec des fascines garnies de pierres.

Le 14, à 5 heures du matin, la mine pratiquée à l'escarpe de la lunette Saint-Laurent ayant fait explosion, les deux compagnies désignées d'avance pour l'assaut (2ᵉ compagnie de grenadiers, commandée par le lieutenant Duvergé, en l'absence du capitaine Guillaume, blessé le 11 à la tranchée ; 3ᵉ voltigeurs, capitaine Courand) montent en silence au sommet de la brèche, et, sans tirer, s'élancent à la baïonnette sur les troupes hollandaises, qui occupaient l'intérieur de la lunette.

En même temps, la compagnie de voltigeurs du capitaine Montigny, partant de la droite, et 25 grenadiers commandés par le lieutenant Boullet, partant de la gauche, se portent sur la gorge de l'ouvrage pour l'escalader et fermer la retraite à l'ennemi.

L'attaque fut si vive, dit l'ordre de l'armée, que les Hollandais peuvent à peine faire résistance. Une trentaine parviennent à se sauver. Les autres, au nombre de soixante, parmi lesquels était un officier, restèrent au pouvoir de nos compagnies, ainsi qu'un mortier et un obusier.

Après avoir parlé avec éloge de M. le colonel Arnaud et de M. le commandant Borelly, qui ont animé et dirigé les troupes pendant l'action ; après avoir rappelé que M. le lieutenant Duverger a été le premier sur le pont, sur la brèche et dans la lunette ; que le grenadier Frémin s'est emparé de l'officier hollandais, M. le maréchal commandant en chef comte Gérard, sur l'ordre de l'armée, ajoute :

« Le 65ᵉ régiment, qui a eu l'honneur du premier assaut de
« ce siége, compte beaucoup de braves, qui méritent d'être cités,
« à côté des noms qui précèdent. Ce sont : MM. Lachesnaye,
« Guisse, lieutenants ; Barbier, Donèze, sous-lieutenants ; les
« sous-officiers Hardy, Bastian, Gauret, Berton (grièvement

« blessé) ; les caporaux Lejosne, Pialoux, Toutin, Blotte, Geor-
« geon ; le grenadier Ulrie, les voltigeurs Hutte, Dichant et de
« Carpentrie.

« La prise de la lunette Saint-Laurent, en appuyant la gau-
« che de nos travaux, permet de concentrer tous nos moyens
« contre le point décisif de l'attaque et de hâter les opérations
« du siége. »

La perte du régiment, dans le service de tranchée du 13 au 14, a été de 2 hommes tués et de 1 officier et 27 blessés.

Le 25 décembre, la garnison de la citadelle capitulait ; un bataillon du régiment, qui était de garde ce jour-là à la tranchée, prit, aux termes de la convention, possession d'une demi-lune et de quelques ouvrages avancés.

Le 27 décembre, le régiment a fourni pour la garde de la citadelle 12 compagnies, dont 4, sous les ordres de M. le chef de bataillon Boudhors, ont été prendre possession de la tête de Flandre (rive gauche de l'Escaut), où elles sont restées jusqu'au 30.

Le 28, le 65ᵉ en bataille a vu la garnison prisonnière défiler sur les glacis et déposer les armes.

Le 29, il fournissait un bataillon, sous les ordres de M. le commandant Mézières, pour servir d'escorte à la première colonne de prisonniers.

En résumé, il y a eu 9 hommes tués, 2 officiers et 60 hommes blessés.

Le 4 janvier 1833, le régiment commençait son mouvement rétrograde vers la France. Il prend les garnisons d'Avesnes et du Quesnoy.

Le 14 janvier, il se trouvait à Lille pour la revue du roi. Sa Majesté, après une allocution toute française, a remis à MM. Boudhors, chef de bataillon; d'Albert, Mazallon, de Lamorlière, capitaines adjudants-majors; Pevilhou, Saint-Jean de Montfranc, Zgliniski, Margadel, capitaines; Besaucele, Levaillant, Hattier, Duverger, Boullet, Lachesnaye, Guisse, lieutenants; Danèze, Barbier, Despretz, sous-lieutenants; Berton, Pierguat, Trappe, Choulet, Jarry, Gauret, sergents; Grandevaux, Lyosne, caporaux; Ulric, Frémin, grenadiers, et de Carpentrie, voltigeur, les décorations qui avaient été demandées pour eux par M. le maréchal comte Gérard, commandant en chef, et laissé espérer qu'il daignerait avoir égard aux propositions d'avancement présentées à l'occasion de ce siége. Cet espoir s'est réalisé. 2 capitaines, 8 lieutenants, 8 sous-lieutenants et 4 sous-officiers étaient, quelques jours après, promus à des grades supérieurs.

Cette revue est venue dignement clore une campagne dans laquelle le 65° a été remarqué par sa constance à supporter les fatigues d'un siége d'hiver, par sa bravoure dans sa rencontre avec l'ennemi, comme il l'avait été précédemment par sa bonne conduite, sa discipline et sa belle tenue. (Ordre de la brigade, adressé spécialement au 65°.)

Le 23 janvier 1833, à Avenel, près d'Avesne, trois enfants, appartenant au sieur Roscleur, maréchal ferrant, s'amusaient à courir sur un étang qui était gelé et très-profond. La glace se brisa sous leurs pieds, et tous trois disparurent.

Ils allaient infailliblement périr, lorsque le nommé Jeanniot, fusilier à la 4ᵉ compagnie du 1ᵉʳ bataillon, qui se promenait dans les environs, les aperçut. Ne prenant conseil que de son courage et méprisant le danger qu'il courait lui-même, il se précipite dans l'eau, d'où il a le bonheur d'arracher ces trois malheureux.

En récompense de cette belle action, le fusilier Jeanniot a reçu la médaille de M. le lieutenant général baron Achard, à la revue du 23 juillet 1833.

Le 4ᵉ bataillon et le dépôt, qui étaient restés à Metz pendant l'expédition de Belgique, partent pour Auxerre, à la date du 4 février 1833.

Le 23 mai, le 2ᵉ bataillon et les compagnies d'élite du 3ᵉ bataillon, sous les ordres de M. le chef de bataillon Marronniez, sont appelés du Quesnoy au village d'Anzin, près Valenciennes, pour y rétablir l'ordre troublé par les ouvriers mineurs.

En juillet, le régiment est envoyé au camp de Wattignies (Nord), où il fait partie de la 1ʳᵉ brigade (général Rullière) de la 2ᵉ division, lieutenant général baron Achard. A la dissolution du camp, il prend les garnisons d'Avesne, de Maubeuge, de Landrecies.

Le 20 mars 1834, le 4ᵉ bataillon de réserve, sous les ordres du commandant de Berly, part d'Auxerre pour Avesne, où il doit se fondre dans les trois autres bataillons.

Juin 1834. Le régiment reçoit la destination de Nancy. Détachement de Toul, Marsal, Phalsbourg.

Sur l'ordre de M. le maréchal de camp baron Villate, commandant la 2ᵉ subdivision de la 3ᵉ division militaire, la 4ᵉ compagnie du 1ᵉʳ bataillon partit de Toul le 1ᵉʳ septembre pour se rendre à Domgermain, village situé aux environs de Toul, où la tranquillité publique était fortement compromise.

Arrivé sur les lieux, le capitaine Foiret, commandant la 4ᵉ compagnie, ne put pénétrer dans le village. Les habitants avaient élevé des barricades, et toutes les avenues étaient gardées par un grand nombre d'insurgés. Le chef de détachement rendit compte immédiatement de l'état des choses au commandant de la place de Toul, qui fit partir aussitôt la 5ᵉ compagnie du 1ᵉʳ bataillon et 50 cuirassiers du 5ᵉ régiment. M. le chef de bataillon Boudhors reçut le commandement dudit détachement et fut accompagné de M. le sous-préfet de l'arrondissement, de M. le substitut du procureur du roi et de l'officier de gendarmerie.

A l'arrivée de ce second détachement et des autorités civiles devant Domgermain, des mesures furent prises pour enlever la première barricade, ce qui n'offrit pas de grandes difficultés, les paysans s'étant contentés de pousser des vociférations contre le curé, l'adjoint et ses partisans.

Une seconde barricade, faite de gros arbres, arrêta de nouveau la troupe; les insurgés voulurent résister, et des pierres furent lancées contre les soldats.

M. le sous-préfet, le commandant Boudhors et l'officier de gendarmerie engagèrent alors les défenseurs à se retirer. Leurs exhortations furent accueillies par des menaces de mort, et des pierres furent de nouveau lancées.

M. le sous-préfet, voyant l'attitude menaçante et l'exaspération des paysans, fit faire les trois sommations voulues par la loi, auxquelles les insurgés répondirent par des coups de fusil, des pierres et des cris répétés : « Nous ne connaissons pas la loi! »

La troupe, jusqu'alors impassible, se trouvant dans le cas de légitime défense, reçut l'ordre du commandant Boudhors de croiser la baïonnette et d'enlever la barricade de vive force.

Les deux compagnies, placées en colonne par section, montèrent à l'assaut avec beaucoup de résolution et parvinrent à escalader la barricade, malgré une grêle de pierres et des coups de fusil tirés des premières maisons du village et des vignes. Une lutte corps à corps s'engage alors sur la barricade, lutte qui était toute au désavantage de la troupe. Le commandant Boudhors, dans l'espoir de la faire cesser sans effusion de sang, fait tirer une vingtaine de coups de fusil en l'air. Cette démonstration, loin de produire l'effet qu'il en attendait, ne fit, au contraire, qu'enhardir les insurgés, qui jetèrent des pierres encore avec plus de violence, saisirent les baïonnettes et auraient fini par désarmer le soldat, si l'on avait tardé plus longtemps à faire feu sur les plus acharnés. Cette seule décharge suffit pour faire prendre la fuite aux paysans. La barricade fut enlevée, et la troupe n'éprouva plus aucune résistance pour pénétrer dans le village.

Ce malheureux événement a causé la mort à 8 insurgés, et 10 ont été blessés plus ou moins grièvement. Le détachement a eu 9 blessés, y compris M. le capitaine Foiret et M. Artigues, sous-lieutenant. Ce dernier a eu le menton fendu par une pierre. Officiers, sous-officiers, soldats, tous firent leur devoir en cette circonstance.

M. le ministre de la guerre, par sa dépêche du 10 septembre 1835, a applaudi à la modération ainsi qu'à l'abnégation dont ont fait preuve MM. les officiers du détachement, qui ont cherché, par tous les moyens en leur pouvoir, à prévenir les funestes conséquences de cette collision.

M. le ministre témoigne également sa satisfaction à la troupe pour son attitude ferme, sa prudence et sa bonne discipline.

Les cuirassiers rentrèrent à Toul dans la soirée du 1$^{er}$ septembre. La compagnie de voltigeurs du 1$^{er}$ bataillon, sous les ordres du capitaine Courand, partit de Toul le 1$^{er}$ septembre, à 9 heures du soir, pour appuyer les 4$^e$ et 5$^e$ compagnies.

Les trois compagnies réunies à Domgermain passèrent la nuit du 1$^{er}$ au 2 septembre sous les armes. Le 2 au matin, la tranquillité était parfaitement rétablie; les 4$^e$ et 5$^e$ compagnies, sur l'ordre de M. le général Villatte, rentrèrent à Toul, et les voltigeurs occupèrent militairement le village jusqu'au 16 septembre. Ils furent relevés ledit jour par la 6$^e$ compagnie du 1$^{er}$ bataillon, qui le fut à son tour, le 10 octobre, par 25 cuirassiers du 5$^e$ régiment.

Camp de Compiègne, commandé par S. A. R. le duc d'Orléans (18 août au 2 octobre 1836).

25 octobre 1836. Garnison de Vannes. Détachement à Auray, Penthièvre, Belle-Ile-en-Mer.

2 février 1837. Garnison de Brest, où le 65ᵉ reste jusqu'en 1839.

1ᵉʳ juin 1839. Garnison de Paris (1839-1842).

21 août 1839. Le colonel de Gouvenain prend le commandement du 65ᵉ.

Vers la fin de 1840, le régiment concourt à la formation des bataillons de chasseurs à pied dits d'Orléans, et à celle du 69ᵉ régiment de ligne, organisé à Strasbourg. Pendant les années 1841 et 1842, il prend part aux travaux des fortifications de Paris.

Les nommés Prilain, Mauclaire, Millon, Gouin, Anet, Dupin furent victimes d'accidents plus ou moins graves, résultant de chutes ou d'éboulements. Les fusiliers Lebrusq et Divan reçoivent des médailles d'honneur pour avoir sauvé au péril de leur vie des personnes qui se noyaient dans la Seine, l'une à Bougival, l'autre à Courbevoie.

Le 17 novembre, garnison de Périgueux, où le 65ᵉ reste jusqu'en 1844.

En mai 1844, une médaille d'honneur de 1ʳᵉ classe a été décernée, au nom du roi et sur la demande du ministre de la guerre, par M. le ministre de l'intérieur, au voltigeur Riffaud, pour avoir sauvé, en exposant ses jours, des personnes en danger de périr dans l'eau, à Périgueux, les 17 mars et 13 août 1843.

12 septembre 1844. Garnison du Puy, Aurillac, Tulle, Clermont.

En octobre 1844, une médaille d'honneur de

2ᵉ classe en argent a été décernée, par M. le ministre de l'intérieur, au nommé Vivien, pour le courage et le dévouement dont il a fait preuve dans trois incendies.

En novembre 1844, le fusilier Stenger a exposé sa vie pour sauver une femme en danger de périr dans les flammes, lors d'un violent incendie qui a éclaté au village de Mozac, près Riom (Puy-de-Dôme).

Le 4 août 1845, camp de Saint-Médard, près Bordeaux, commandé par S. A. R. le duc d'Aumale; à l'issue du camp (octobre 1845), garnison de Cahors.

Le 25 mars 1846, le fusilier Derny (2ᵉ compagnie, 2ᵉ bataillon), du détachement de Montauban, se signale par un acte de courage. Cet homme, se trouvant placé comme factionnaire dans l'intérieur de la prison, avait pour consigne de surveiller particulièrement un détenu. Celui-ci, furieux de se voir suivre pas à pas par Derny, se retourne brusquement pour lui porter, avec un morceau de bois, un coup que la fidèle sentinelle parvint à parer. Une lutte terrible s'engage alors. Le soldat, après de vifs efforts, parvient à se rendre maître de son farouche adversaire jusqu'à l'arrivée de la garde.

En juillet 1848, l'état-major se rend à Toulouse.

31 août. Le colonel Villien prend le commandement du régiment.

Le régiment envoie dans le mois d'août des colonnes mobiles dans plusieurs communes des régions montagneuses de la Haute-Garonne.

10 décembre. Une médaille d'honneur a été décernée par M. le ministre de l'intérieur au tambour Vigié, de la 6ᵉ compagnie du 3ᵉ bataillon, pour avoir sauvé, au

péril de ses jours, au mois d'août précédent, un homme qui se noyait dans le Lot, à Cahors.

En 1849, la 4ᵉ compagnie du 3ᵉ bataillon, du détachement d'Albi, est allée, sur la réquisition du préfet du Tarn, rétablir à Gaillac l'ordre menacé.

Le 3 février 1849, l'ordre de la division cite comme s'étant particulièrement distingués dans un incendie, par leur courage et leur activité, les soldats Dubail, Colombet, Feret, Darnaud, Coste et Bourdinot.

A quelques jours d'intervalle, un autre ordre fait connaître les témoignages de satisfaction adressés par le ministre de la guerre aux nommés Contaminard, Bayle, sergents; Boussainguault, fourrier; Mazéas, grenadier; Figaret, Angeli, fusiliers, pour leur belle conduite dans des circonstances analogues.

Juin 1849. Garnison de Bayonne. Le régiment occupe pendant deux ans les Basses-Pyrénées; il se fractionne en nombreux détachements sur la frontière.

Le 11 juin, la compagnie du capitaine Barbery, qui occupait Saint-Gaudens, où elle était allée rétablir l'ordre public, se distingue dans un incendie. Les nommés Caze, Rieutors, Jolibert et Louffret reçoivent des témoignages de satisfaction.

6 novembre. Le colonel de Mailly succède au colonel Villien dans le commandement du régiment.

En 1850, les détachements de Navarreins (lieutenant Letors de Crécy), de Mont-de-Marsan (capitaine Massot) reçoivent, au même titre, des félicitations pour leur dévouement à la société.

Dans une lettre qu'il adresse au major Laulaigne,

le maire de la ville de Pau exprime, au nom de ses concitoyens, les regrets que le 65ᵉ emporte à son départ de cette ville, regrets qu'il a su mériter par sa discipline, son excellent esprit et ses bonnes relations avec les habitants de la ville.

Le 28 avril 1851, le grenadier Castel a reçu la médaille d'honneur pour avoir, au péril de ses jours, sauvé un enfant qui se noyait dans la Nive.

3 mai 1851. Garnison de Mâcon. Détachement de Châlons-sur-Saône, d'Autun, de Lons-le-Saulnier, de Salins, des Rousses.

Le 14 juillet 1851, le régiment est réuni à Auxonne.

Le 27 juillet, le colonel de Martimprey remplace le colonel de Mailly, nommé au commandement de la place d'Oran.

En décembre, le 65ᵉ est appelé dans la Nièvre à comprimer les troubles. Il fait une expédition dans la forêt de Dornecy. Dans cette occasion, la 1ʳᵉ compagnie du 1ᵉʳ bataillon, sous les ordres du lieutenant Chemain, est dirigée sur Saint-Sauveur.

La 2ᵉ compagnie du 1ᵉʳ bataillon, commandée par son capitaine, M. Olagnier, est dirigée sur Saint-Fargeau. Elle détache, sous les ordres du sous-lieutenant de Belmont, 25 hommes à Bléneau.

Le reste de la colonne, dirigé par le colonel, traque la forêt de Dornecy, arrive à Clamecy à 4 heures du soir, en y menant 118 prisonniers, pris dans la forêt.

La compagnie de grenadiers, sous le commandement du lieutenant Truchot, va en expédition aux villages d'Andry et de Ferrière, et ramène des prisonniers.

Pendant tout le mois de décembre, les compagnies parcourent les communes environnant Clamecy et Nevers, font des arrestations et procèdent au désarmement. Ce fut la campagne dite de la Nièvre. Clamecy resta occupé pendant quatre mois par le 65°.

Dans ces circonstances délicates, le 65° sut, par la discipline de ses soldats, par le tact intelligent et la bienveillante fermeté de ses officiers, se concilier les sympathies de la population. Le conseil municipal de Clamecy lui en a laissé un témoignage officiel.

En mai 1852, garnison de Montélimar et de Valence (1852-1854).

Le 28 avril, une députation, composée du colonel de Martimprey, d'un capitaine, d'un lieutenant, de dix sous-officiers, caporaux ou soldats, était partie pour Paris afin d'y recevoir le nouveau drapeau, qui a été remis le 6 juin au régiment.

13 novembre. Le colonel Douay (Charles-Abel) est appelé au commandement du régiment.

Le 65° reçoit, par dépêche télégraphique, en date du 14 avril 1854, l'ordre de former 3 bataillons de guerre et de se préparer à partir pour l'Afrique.

Le 1er bataillon s'embarque le 4 mai, le 2° le 10 mai, le 3° le 15 mai pour Alger. Ils y arrivent les 7, 12 et 17.

Du mois de mai au mois de décembre 1854, le 65° tient la garnison de Médéah, de Blidah, les camps de la Chiffa, de Boghar, d'Azib-ben-Zamoun.

De 1854 (décembre) à 1856, il occupe Orléansville, Ténès, Téniet-el-Haad, Milianah, Cherchell, les camps sur les routes de Ténès à Cherchell, de Ténès à Orléansville, de l'Ouaransénis, des gorges de la Chiffa, d'Aïn-Bedah. Il est employé à faire des travaux de route.

Le 28 décembre 1855, le colonel Douay est nommé général de brigade, et M. Drouhot, lieutenant-colonel, est nommé colonel au corps. M. d'Argy est nommé lieutenant-colonel.

22 juin 1856. Le dépôt part de Montélimar pour se rendre à Alais (Gard).

Le 31 août 1856, le 2ᵉ bataillon, alors à Ténès, s'embarque sur *le Cacique,* pour se rendre à Delhys.

Ce bataillon doit faire partie de l'expédition de Kabylie, sous les ordres de son chef de bataillon, le commandant de Latouche.

### EXPÉDITION DE KABYLIE. 1856.

Il débarque le 1ᵉʳ septembre 1856 à Delhys, et le 5 septembre il est campé à Tizi-Ouzou.

Le commandant de Latouche donne les renseignements suivants sur cette expédition et sur la part prise par le bataillon :

« Le 7 octobre, à midi, le général Chapuis fit prendre les « armes, sans sac, dans l'intention de faire diversion et de cher-« cher à attirer à nous une partie des adversaires de l'autre « colonne (général de Ligny, avec 5 bataillons d'infanterie, agis-« sant contre les Beni-Douala, soutenus par les Beni-Raten).

« Parties à midi, les troupes arrivèrent à 2 heures au pied « des montagnes. Gravir les contre-forts fut l'affaire d'un ins-« tant. Le 56ᵉ et le goum furent lancés sur un village et y mi-« rent le feu.

« L'ennemi, peu nombreux d'abord, se rassembla bientôt,
« après avoir mis en sûreté les femmes et les enfants. Le feu
« de mousqueterie était peu nourri, les Kabyles étaient disper-
« sés et maintenus à distance par les armes à tige et 2 obusiers.

« Le bataillon du 65° était sur un plateau au pied des contre-
« forts boisés ; à 5 heures du soir, pas une amorce n'avait été
« brûlée par cette troupe.

« Chargé de la retraite, avec le colonel Bourjade du 41° régi-
« ment, le commandant de Latouche prit 4 compagnies pour les
« échelonner à courte distance, suivant les accidents de terrain.

« Cet officier supérieur fit donner le signal de la retraite par
« un clairon ; les jeunes soldats s'acquittèrent de cette tâche
« difficile avec beaucoup de calme et de résolution.

« Ils attendent l'ennemi à 50 pas, et ce n'est qu'avec peine
« qu'ils quittent leurs embuscades pour rejoindre l'échelon
« suivant.

« Après trois quarts d'heure d'une fusillade nourrie, le
« bataillon descendit dans l'Oued-Aissi, où ses éléments se rallié-
« rent sous la protection du 41° régiment pour rentrer à Tizi-
« Ouzou le même soir.

« Les Kabyles suivaient de position en position en se défilant
« avec beaucoup d'habileté. »

M. le commandant de Latouche se loue beaucoup des militaires de tous grades placés sous ses ordres.

Blessés dans cette affaire :

M. Bérenger, sous-lieutenant (coup de feu à la nuque, blessure grave, la balle a été extirpée).

2° bataillon, 1ʳᵉ compagnie, Montot, sergent.

2° bataillon grenadiers, Gougeon, grenadier.

2° bataillon, 4° compagnie, Thoniel, fusilier.

2° bataillon voltigeurs, Gaulier, sergent.

2° bataillon voltigeurs, Faurie, voltigeur.

Le clairon Knoin, a' eu son clairon percé d'une balle, ainsi que le coffret de sa giberne.

M. le commandant de Latouche cite M. le capitaine Tartrat comme ayant rempli les fonctions d'adjudant-major avec promptitude, calme et intelligence.

L'adjudant sous-officier Taillandier est désigné comme infatigable.

Il recommande aussi à l'attention du colonel :

1° Comme bons tireurs, calmes et ayant donné l'exemple de la fermeté :

Chevot, caporal à la 1<sup>re</sup> compagnie ;

Rousse, fusilier —

Dehais, — —

Guillot, — à la 2° compagnie.

2° Comme ayant tué des Kabyles :

Barjavel, caporal à la 3° compagnie ;

Vuillemain, fusilier —

Peyrol, — —

Benoît, — —

3° Comme bons soldats au feu :

Rapinot, fusilier à la 4° compagnie ;

Chevot, — —

Potier, ex-caporal —

Allin, caporal aux voltigeurs.

Le colonel Bourjade, commandant de l'infanterie, adressait de Tizi-Ouzou, à la date du 8 octobre, la lettre suivante, qui est le plus bel éloge du commandant de Latouche, de ses officiers et de ses soldats :

« Mon cher commandant,

« Je me suis fait un devoir de vous adresser mes vives félici-
« tations sur la manière énergique et intelligente avec laquelle
« vous avez dirigé votre bataillon à partir du moment où a

« commencé la retraite que vous avez seul habilement soutenue
« jusqu'à la fin.

« Des éloges sont également dus à votre adjudant-major et
« subsidiairement aux militaires de tout grade sous vos ordres,
« qui se sont comportés, depuis le capitaine jusqu'au soldat, en
« vrais praticiens, c'est-à-dire en gens d'intelligence et de cœur.

« Je vous prie de transmettre à votre colonel la lettre que
« j'ai l'honneur de vous écrire et de lui signaler tout particu-
« lièrement celui de vos clairons providentiellement épargné,
« qui a eu son instrument et sa giberne traversés chacun d'une
« balle, sans avoir été lui-même nullement atteint.

« Le colonel du 41e,
« Signé : Bourjade. »

Le 14 octobre 1856, le 2e bataillon occupe les camps de Souk-el-Sebt, près du Bordj-Tizi-Ouzou (1/2 bataillon de droite, capitaine Truchot), de Bou-Kalfa (1/2 bataillon de gauche, avec le commandant de Latouche). Il est ensuite occupé aux travaux de la route de Delhys.

Le retour de ce bataillon est resté célèbre dans les annales du 65e. Après une marche pénible sur Milianah (décembre 1856), il est arrêté longtemps dans cette ville par l'impossibilité de franchir les affluents du Chéliff, connus sous le nom d'Oued-Rouina et Oued-Fodda, qui le séparent d'Orléansville.

Campé dans la neige au pied du Zacchar, dont les eaux inondent la place de Milianah, il doit se disperser et chercher refuge dans les corridors, les casernes, les corps de garde et les chambres inoccupées de l'hôpital.

Les 15 et 16 février 1857, il franchit enfin les rivières. Les terrains sont défoncés ; le passage des gués est dangereux par suite de la fonte des neiges. Les Arabes, sous l'intelligente direction du caïd Ben-

Joussar, des Ouled-Kosseïr, se jettent dans l'eau pour briser le courant.

En avril 1857, le 65° est désigné comme devant faire partie de l'expédition de Kabylie.

Les deux bataillons quittent Orléansville les 2 et 14 avril, laissant à Orléansville et à Ténès la 6° compagnie comme troupe de réserve. Ils se réunissent sous les murs du Bordj-dra-el-Mizan le 17 mai, et prennent rang dans la colonne qui doit opérer du côté de Boghny. Le 1ᵉʳ bataillon est placé dans les baraques disponibles, le 2° est campé au pied du fort.

Des travaux de route sont successivement poussés jusqu'au col de Boghny.

La colonne, composée des bataillons du 65°, de 2 escadrons du 7° hussards, d'une section d'artillerie, d'une ambulance active et d'un peloton du train, d'une section du génie, d'un goum arabe, sous le commandement du colonel Drouhot, du 65°, va camper le 25 mai sur la rive droite de l'Oued-Boghny, et s'adosse à un monticule faisant face au Djurdjura, non loin de l'ancien fort Turck démantelé, qu'on aperçoit sur la rive gauche de l'Oued.

Du 26 mai au 6 juin, la colonne fait des reconnaissances sous le commandement du lieutenant-colonel d'Argy et du commandant Beauprêtre que le maréchal gouverneur avait adjoint à la colonne, comme initié aux secrets de ces montagnes jusque-là impénétrables. Les reconnaissances s'avancent jusqu'à Souk-el-Haad et jusqu'au village des Beni-bou-Haddou.

Le 6 juin, on campe sur le territoire des Mechtras.

Du 7 juin au 9 juillet, des fourrages au vert en présence des Kabyles ont lieu tous les jours. Ce sont de véritables opérations militaires où le goum, les hussards, les flanqueurs rivalisent de courage et d'entrain. Quelques fortifications en pierre sèche sont élevées autour des grand'gardes dans la crainte d'une grande attaque de nuit. Le Bachaga-Si-el-Djoudi et son fils, qui étaient d'abord dans notre camp, avaient fait défection, s'étaient rendus dans les Zouaouas et soulevaient contre nous toutes les tribus guerrières de ces hautes régions.

Le 25 juin, le goum incendia les villages des Sedka, des Ouadia.

Le 26, le camp est levé et porté à l'Oued-Cheurfa dans un bois de chêne, en deçà de Souk-el-Haad (marché du premier jour).

Les reconnaissances vont jusqu'à l'Oued-Chenacha.

Les travaux de route continuent.

Le 9 juillet, le colonel Drouhot se décide à châtier les Beni-bou-Haddou, dont l'attitude était particulièrement hostile depuis notre arrivée. Il se concerte avec le commandant Beauprêtre et invite les tribus amies du voisinage à appuyer le mouvement. Dès la veille, elles reçoivent des instructions à ce sujet.

Une colonne légère, composée du goum, de 2 escadrons du 7° hussards, de 2 bataillons du 65°, forts de 5 compagnies chacun, de la section d'artillerie de montagnes, d'un détachement de 15 hommes du génie, de 15 cacolets, quitte le camp à 3 heures du matin (la garde en est confiée à un officier solide) pour gravir les pentes qui conduisent aux Beni-bou-Haddou.

La colonne arrive à 4 heures 1/2 en bon ordre aux avant-postes de la tribu, qui sont bravement enlevés par le goum sous les ordres de M. le lieutenant Thouverey ; un homme de cette troupe est tué, un autre grièvement blessé.

Le goum, continuant son ascension sur le premier plateau qui forme plaine en avant des villages, rejette dans le grand ravin de droite une portion des défenseurs des redoutes. Les embuscades de gauche restent occupées par l'ennemi.

A 5 heures 1/2, la colonne prend position à 500 mètres environ du terrain, où sont assis les trois villages de Takarajite à gauche, Tamkadente au centre et Aït-Khalfa à droite.

Par les ordres du chef de la colonne, le feu de l'artillerie est ouvert sur le village d'Aït-Khalfa, en même temps que le 1er bataillon du 65e, sous les ordres du commandant Vendenheim, se porte sur le village de gauche avec mission de le détruire et d'y laisser une compagnie pendant qu'il opérera sur les deux autres centres d'habitations.

Les embuscades qui bordent la position en avant de ces villages sont attaquées avec un grand élan, malgré un feu très-vif. Le bataillon s'y porte dans l'ordre en colonne, précédé par les grenadiers déployés en tirailleurs. Un grenadier est tué et un caporal blessé à la première décharge. Les compagnies pénètrent dans les villages, les incendient et les détruisent ; elles brûlent, sur pied ou emmeulées, de nombreuses récoltes de blé et d'orge.

Pendant ces opérations, un retour offensif a lieu de la part des Kabyles rejetés sur les ravins de droite; la compagnie de grenadiers du 2ᵉ bataillon du 65ᵉ, sous les ordres de M. le lieutenant de Belmont, s'y porte en toute hâte et s'embusque solidement derrière des murs de nouvelles constructions et repousse les assaillants par un feu bien dirigé qui en abat plusieurs.

A 8 heures du matin, on est maître des trois villages, et partout les Kabyles sont rejetés dans les ravins de retraite, où ils sont assez mal reçus par les contingents alliés qui y ont pris position.

A 9 heures, on n'entend plus que quelques rares coups de fusil partis des azibs inabordables de la montagne, où le goum cherche vainement à pénétrer.

Les trois villages, deux azibs et la plus grande partie des récoltes détruits, bon nombre de Kabyles tués ou blessés, le reste dispersé ou mis en fuite dans toutes les directions, il ne restait plus qu'à se retirer, la leçon était donnée.

A 9 heures 1/2 les dispositions de retraite sont prises; c'est le 2ᵉ bataillon, sous le commandement de son chef, M. de Latouche, qui est chargé de cette opération toujours délicate devant les Kabyles. Il lui est adjoint deux pelotons de hussards.

Le reste de la colonne, l'ambulance et les blessés, dirigés par le lieutenant-colonel, reprennent le chemin de la vallée et s'échelonnent sur la route de retour.

La retraite s'effectue avec calme, ordre et autant de

sang-froid que l'attaque avait été brillante et presque désordonnée. Le colonel Drouhot rejoint la colonne un des derniers, après avoir assuré la retraite.

Tous les corps, dans cette journée, ont rivalisé de zèle, d'ardeur et d'entrain.

Le 65ᵉ a eu, dans cette affaire, 2 tués, 8 blessés, dont plusieurs moururent. Le caporal Gaussirand (2ᵉ compagnie du 1ᵉʳ bataillon), disparu, aurait, dit-on, été massacré par les Kabyles. De notre côté, parmi les contingents arabes, le caïd des Irimoulas et 2 cavaliers avaient été tués, 9 avaient été blessés.

Les pertes avouées par l'ennemi étaient considérables.

M. le colonel Drouhot cite, comme s'étant particulièrement distingués : M. le lieutenant-colonel d'Argy, M. le commandant Vendenheim, M. le médecin-major Jacquin, du 65ᵉ ; MM. Maly, capitaine adjudant-major; Pougny, capitaine de voltigeurs ; MM. Granier, lieutenant de grenadiers; Cournet, lieutenant de voltigeurs ; Capella, lieutenant ; les grenadiers Schœffer et Pain ; les fusiliers Boiveau, Malsaise, Verdeille, Benezèche, Pagès Bertrand, Naquier, Troadec, Aspa, Cluzel et Gissy.

La colonne volante de Dra-el-Mizan, qu'il faut distinguer de la colonne principale des Beni-Raten et des deux autres colonnes secondaires et indépendantes du colonel Dargent et du général Maissiat, aux confins de la province de Constantine, a été d'un grand secours et d'un puissant effet pour les opérations générales chez les Beni-Raten, les Beni-Fraoucen (ces soi-disant descendants des anciens Francs), les Beni-Yenni et toutes les tribus de la confédération des Zouaouas ; elle a empêché bien des défections et raffermi des alliances chancelantes : la route ouverte du fort de Boghny à l'Oued-bou-Chenacha fut appelée à avoir une influence considérable sur les riches tribus des Mechtras, des Irimoulas, des Cheurfa, de tous les Sedkas et des Guetchoulas. Le pays est couvert de forêts d'oliviers greffés, de figuiers dont les fruits trouvèrent dès lors des débouchés sur les marchés de la métropole africaine.

Les communications, devenues plus sûres, plus commodes, permirent de pénétrer plus facilement dans ces fertiles contrées, presque inexplorées jusqu'à ce jour.

La colonne est dissoute. A Blidah, le régiment se fractionne : le 1er bataillon prend la direction de Milianah, et le 2e, avec l'état-major, celle de Médéah. Il se trouve de nouveau réuni dans la vallée du Sahel, entre la grande et la petite Kabylie. Il trace la route de Bougie et tient en respect les populations nouvellement soumises et toujours turbulentes du Djurjura (20 septembre au 16 novembre).

Le 65e occupe Blidah, Alger, Cherchell, Aumale, plusieurs camps aux environs d'Aumale et de Blidah. Il fonde les colonies de Tagouret, près du tombeau de la Chrétienne et de Birabalou. Une de ses compagnies est décimée par la fièvre paludéenne, qui règne habituellement dans ces parages. Le dépôt quitte Alais pour prendre garnison à Béziers.

En mars 1859, le régiment reçoit, par le télégraphe,

l'ordre de se concentrer devant Alger, pour y attendre les grands événements qui allaient surgir en Europe.

Sur le point de rentrer en France, il reçoit les félicitations du général commandant la province d'Alger, dans l'ordre suivant de la division :

« Rappelé en France, par un ordre de l'empereur, le 65ᵉ régi-
« ment de ligne laissera, dans la division d'Alger, les souvenirs
« les plus glorieux et les regrets les plus légitimes. Aussi brave
« dans les combats qu'infatigable dans les travaux, il a donné
« partout les preuves d'une énergie et d'un dévouement
« inaltérables.

« Dès son arrivée en Afrique, on l'a vu prendre une noble
« part aux expéditions qui pour la première fois ont étendu
« la domination française sur des tribus jusqu'alors indompta-
« bles. Les sommets inaccessibles du Djurjura ont été, à plu-
« sieurs reprises, les témoins de son heureuse intrépidité, et son
« nom figure avec honneur dans les campagnes qui ont assuré
« la conquête de la Kabylie.

« Le concours de ce régiment n'a pas été moins précieux dans
« les travaux de la colonisation. On doit à son activité l'ouverture
« ou l'achèvement des routes les plus importantes et la cons-
« truction de plusieurs forts dans la province d'Alger.

« Les officiers ont pris une large part dans l'administration
« si délicate des populations indigènes. Ils ont toujours été à
« hauteur de cette mission difficile.

« Le colonel, en particulier, a exercé des commandements
« importants. Il y a fait preuve des qualités si diverses et si rares
« qui constituent le bon soldat et le bon administrateur.

« Soldats du 65ᵉ, qui avez signalé votre passage en Afrique
« par tant d'efforts glorieux, vous ne démentirez pas l'espoir
« qu'inspirent vos vertus militaires.

« Fidèles aux traditions d'honneur et de discipline, vous por-
« terez fièrement votre drapeau partout où peuvent vous appe-
« ler le soin de la patrie et la confiance de l'Empereur.

« Quelles que soient les destinées que vous réserve l'avenir,
« tous nos vœux vous accompagneront, et nous applaudirons
« avec bonheur à vos nouveaux succès.

« Le général Yusuf,<br>
« Commandant la province d'Alger. »

Le général, comte de Mac-Mahon, commandant supérieur des forces de terre et de mer, fait aussi ses adieux au régiment dans les termes les plus élogieux. L'un et l'autre devaient, d'ailleurs, se retrouver bientôt sur les champs de bataille de l'Italie.

### CAMPAGNE D'ITALIE. 1859.

Le régiment est embarqué les 6 et 12 avril, débarqué à Marseille les 8 et 14 avril (1er et 2e bataillons).

Les bataillons, dirigés sur Lyon, reçoivent à Vienne et à Valence l'ordre de rétrograder et de partir, par les voies ferrées, à destination des ports d'embarquement, Marseille et Toulon.

Les deux compagnies d'élite du dépôt rejoignent en route les bataillons actifs, et le régiment se constitue à 3 bataillons de 6 compagnies.

Il débarque à Gênes les 1er et 2 mai. Il est appelé à faire partie de la 1re brigade (général Lefebvre) de la 1re division (général de Lamotte-Rouge) du 2e corps (général comte de Mac-Mahon). A la date du 15 mai, il passe à la 2e brigade (général Polhès) de la même division.

A peine débarqué, le 65e, avec les masses du

2° corps, entièrement composé de troupes d'Afrique, franchit les Apennins maritimes au col fameux de la Bochetta, les défilés de Gavi, de Novi ; visite le champ de bataille de Marengo, arrive à Sale, Cornale près du Pô ; se porte ensuite à Voghera, où il fait partie des grandes reconnaissances qui ont pour but d'observer l'ennemi du côté de Montebello (23 mai au 28) ; fait, à partir du 28, une marche rétrograde vers le Pô, par Sale ; traverse le Tanaro, arrive à Valenza, franchit le Pô à Casal, la Sesia à Vercelli ; campe le 1ᵉʳ juin à l'est de Novarre sur la route de Milan.

Il franchit le Tessin, le 3 juin, à Turbigo et rencontre l'ennemi à Robechetto. Le 45ᵉ et les tirailleurs algériens (1ʳᵉ brigade) sont seuls engagés. Le régiment appuie le mouvement. Il passe la nuit en avant du village, en observation sur la route de Buffalora.

Le régiment quitte Robechetto vers 9 heures du matin, au son de la générale, suit la route de Cuggiono, arrive à ce village vers midi, le traverse et va prendre position au sud-est, au milieu des vignes et des mûriers. Il se forme en bataillons en colonne à distance de section et à intervalle de déploiement, ayant devant eux trois compagnies déployées en tirailleurs.

Une circonstance grave, étrangère à ce récit, s'était produite et avait dû retarder, pendant de longues heures, le mouvement en avant du 65ᵉ, ainsi que celui de la division.

Enfin l'ordre arrive. Le colonel réunit ses officiers, les prévient qu'ils vont combattre dans des circonstances difficiles et fait appel à toute leur énergie. Le régiment prend une marche rapide en bataillons en colonnes à intervalles de déploiement, forme la colonne, atteint Buffalora, qu'il traverse au pas de course et qu'il trouve occupé déjà par les grenadiers de la garde. Les projectiles, qui commencent à arriver de la droite, les fusées, l'avertissent de la présence de l'ennemi.

Arrivé en tête du village, le 65ᵉ se trouve tout à coup en présence de fortes lignes de tirailleurs et d'une colonne d'infanterie autrichienne qui étaient en position dans un terrain planté d'arbres et de vignes reliés par des fils de fer.

Là commence une fusillade des plus vives. Le régiment continue sa marche sous une pluie de balles, de fusées, de mitraille, chargeant la colonne ennemie à la baïonnette. MM. Maly, capitaine adjudant-major; Pougny, capitaine de voltigeurs, tombent grièvement blessés.

Arrivés dans un chemin creux, qui était enfilé par deux pièces d'artillerie, les 3 bataillons, en colonne, se trouvent en présence de la gare du chemin de fer. Ils y sont accueillis par un feu des plus vifs partant des maisons crénelées; ces maisons sont occupées par des milliers de tirailleurs hongrois, que soutient le canon.

A ce moment, le général de Lamotte-Rouge, ayant jugé que l'artillerie abrégerait une lutte qui enlevait beaucoup d'officiers et de soldats, fit appel à un militaire de bonne volonté pour aller prendre 2 pièces d'artillerie. M. le lieutenant Dufour s'offrit aussitôt pour remplir cette mission périlleuse, demandant un cheval pour diminuer le trajet. M. le lieutenant-colonel d'Argy lui donna un de ses chevaux.

M. Dufour, malgré un feu des plus vifs dirigé sur lui, parcourut le chemin de fer et une partie du champ de bataille pour aller chercher les pièces.

Ayant aperçu le général Lebrun, chef d'état-major général du 2° corps d'armée, il lui rendit compte de sa mission. Deux pièces d'artillerie furent mises à la disposition du général de Lamotte-Rouge. Arrivées sur l'emplacement de la lutte, elles furent mises en batterie, firent cesser le feu qui partait des nombreuses maisons situées en face du chemin de fer, et permirent de s'en emparer.

La gare, le bureau de la gare, les deux pièces d'artillerie placées pour sa défense, sont enlevées en un clin d'œil.

Le drapeau se porte, au pas de course, en avant pour entrer dans le village, mais il est obligé de prendre abri dans un petit ressaut de terrain mal défilé par une butte de terre située à droite de la rue principale. Plusieurs officiers et une quarantaine de braves le gardent dans cette position difficile. Il est brisé en 4 fragments par les balles et la mitraille; l'aigle et sa base sont percées à jour.

M. le colonel Drouhot tombe, frappé de plusieurs balles, à la tête de son régiment, lorsqu'il se portait en avant pour entrer dans le bourg. Blessé à la jambe, quelques instants auparavant, il s'était fait remonter à cheval. Il mourut avec une bravoure antique.

Pendant ce temps, plusieurs fractions du régiment, conduites par des officiers du corps, se portent rapidement à droite et à gauche du village, pénétrant dans les rues avec une impétuosité remarquable ; leur ardeur croît avec le danger. Enfin ils arrivent et prennent position dans Magenta.

Ce mouvement tournant de nos troupes, l'arrivée à la gare des deux pièces d'artillerie, qui jettent boulets et mitraille dans les premières maisons, fait tomber en notre pouvoir la rue qui conduit à la gare ; là s'était concentrée la défense la plus nombreuse et la plus opiniâtre.

Le soir, le régiment reçut l'ordre d'occuper militairement la position qu'il avait enlevée, et y fut cantonné.

Il est impossible de rappeler et de citer les faits particuliers à chacun. Tous, officiers et soldats, furent admirables d'ardeur et d'entrain.

Le 65° avait conquis les deux pièces d'artillerie, placées à l'entrée de la gare, pris un adjudant général autrichien et fait une énorme quantité de prisonniers.

Les pertes éprouvées dans cette mémorable journée sont considérables : 7 officiers ont été tués, 17 blessés, et 350 hommes hors de combat.

Sont morts au champ d'honneur :

MM. Drouhot, colonel ; Vogue, Dumanoir, Granier, Bonneau, capitaines ;

Fraillon, lieutenant ; Fagny, sous-lieutenant.

Ont été blessés :

MM. Pougny, Tartrat, Maly, Peyrot, Daumas, Cournet, capitaines ; ces deux derniers sont morts des suites de leurs blessures quelques jours après. Avant de tomber grièvement blessé, M. le capitaine Tartrat[1] avait eu son cheval tué sous lui.

MM. Màs-Mézeran, Rambour, Bérenger, lieutenants; Daussier, Grosjean, Lafond, Schuster, Viallet, Barrey, Richard, sous-lieutenants.

Récompenses données à la suite de Magenta :

*Légion d'honneur.* — Au grade d'officier : M. Pougny, capitaine ;

Au grade de chevalier : MM. Daumas, Maly, Cournet, capitaines ; Leroy, lieutenant ; Richard, sous-lieutenant ; Cassaignade, adjudant sous-officier ; Darnaud, Vincent, sous-officiers.

*Médaille militaire :* Cassaignade, sergent-fourrier ; Bruel, Gateflinger, Lardy, Patrich, Delpique, Poutignac, Jammet, sous-officiers, blessés ; Girard, sergent ; Barbier, caporal, blessé ; Gennevay, Girel, Cantar, voltigeurs, blessés ; Henriot, Cros, grenadiers, blessés ; Ducot, caporal ; Langlois, Bourdet, Auvin, fusiliers, blessés.

Le 7 juin, le régiment fait son entrée à Milan et reçoit l'ordre, en route, de mettre un bataillon de garde chez l'empereur avec son drapeau mutilé.

Le 8, par un orage épouvantable, il est à Mélégnano et appuie le mouvement du 1<sup>er</sup> corps d'armée. Là se couvrait de gloire, avec le 10<sup>e</sup> bataillon de chasseurs à pied, M. le commandant Courrech, promu quelques

---

[1] Cité plusieurs fois dans les colonnes d'Afrique, est devenu colonel du 91<sup>e</sup> de ligne.

jours après lieutenant-colonel du 65°. Le régiment franchit l'Adda le 13 à Cassano, passe l'Oglio, la Chièse près de Montechiaro, et arrive à Castiglione le 22.

Le 24, au matin, il part de Castiglione, dans la direction de Cavriana, sous les ordres de M. Bouvet[1], chef de bataillon. Le colonel Mennessier, nommé colonel du 65°, en remplacement de M. Drouhot, tué à l'ennemi, était mort à Novarre des suites d'une blessure qu'il avait reçue à Magenta. Il ne parut pas au corps.

Le canon se fait entendre dans toutes les directions. On se prépare à une grande bataille. Le 65°, qui a perdu plus de la moitié de ses officiers à la bataille de Magenta, n'agira qu'en seconde ligne dans la grande bataille du 24.

A 8 heures, il garde, sur la route, l'artillerie de réserve.

Vers 10 heures, il se forme par bataillon en colonne à distance de section, et à intervalle de déploiement, tantôt en observation, tantôt manœuvrant sous les ordres du général de division. Il est conduit par le colonel Douay, du 70°, commandant la brigade.

A 3 heures, il se trouve encore en réserve en arrière de fermes qui ne l'abritent pas du feu de l'ennemi ; il subit des pertes cruelles.

A 4 heures, le 65° reçoit l'ordre d'enlever les hauteurs qui dominent Cavriana, spécialement le mont Fontana qui était depuis plusieurs heures le théâtre de luttes sanglantes et indécises, où était engagée la 1re brigade.

Cette opération est exécutée simultanément par

---

[1] Mort à Rome, colonel du 71°.

les 3 bataillons. Les colonnes d'attaque, précédées de leurs compagnies de voltigeurs déployées, sont admirables de vigueur, d'ensemble et de précision.

A 5 heures, l'ennemi était chassé de sa position; les hauteurs qu'a prises à revers l'artillerie de la garde sont couronnées par les bataillons du 65ᵉ, et le drapeau du régiment flotte sur le point culminant.

Aussitôt arrivé et maître de la position, le chef de bataillon Bouvet prit les mesures nécessaires pour éviter un retour offensif de l'ennemi; mais celui-ci avait été découragé par la vigueur de l'attaque et ne s'est plus présenté.

Le soir, le régiment campait sur les hauteurs qu'il avait enlevées, et l'empereur venait au milieu de ses rangs contempler le champ de bataille de la journée. En tête de la brigade et dans les rangs du 65ᵉ était tombé glorieusement au milieu de sa brillante carrière le colonel Douay, du 70ᵉ, commandant la brigade. Il portait avec distinction le nom qu'avaient déjà illustré ses deux frères, parvenus au sommet de la hiérarchie. L'un deux, Charles-Abel, blessé grièvement le même jour dans la plaine de Médole, avait été colonel du 65ᵉ, où il avait laissé les plus nobles souvenirs, et devait mourir héroïquement à l'avant-garde de l'armée française dans les jours néfastes de la patrie (2 août 1870, Wissembourg).

Le 65ᵉ perdit (officiers):

MM. Capella, capitaine, tué à l'ennemi;
   Laroubine, sous-lieutenant (enlevé par un des derniers coups de canon de la journée);

Verdier, lieutenant, blessé mortellement (mourut à Castiglione le lendemain);

Moufflet, capitaine, blessé.

(Troupe). — 130 hommes tués, blessés ou disparus.

Récompenses décernées à la suite de Solférino :

*Légion d'honneur*. — Chevaliers :

MM. Coly, capitaine ; Verdier, Jubault, lieutenants ; Vigneau, sous-lieutenant.

Delabrousse et Bellocq, sous-officiers.

MM. Mas-Mézeran, capitaine ; Grosjean, Marteau, lieutenants, proposés par suite de Magenta.

*Médaille militaire*. — Truchot, sergent-major ; Rosset, Cossou, Saint-Martin, Puech, sergents ; Brillat, sergent-fourrier ; Schutz, Duvelleroy, Rougall, Dussouil, Delattre et Grand, caporaux ; Vielmont, Wauters, Coll, Girard, Chomat et Kulman, soldats.

25 juin. — Le colonel Bittard des Portes est appelé au commandement du régiment, en remplacement de M. le colonel Mennessier, mort des suites de ses blessures.

Le 1$^{er}$ juillet, le régiment franchit le Mincio, et va camper à Santa-Lucia de Valeggio. Le 2, il s'avance jusqu'à Villafranca, à 12 kilomètres de Vérone.

Le 14, il était à Custozza, quand arriva au corps la proclamation de l'armistice. Le 15 juillet marque la date du retour vers la France.

Les deux premiers bataillons, après avoir franchi le mont Cenis, sont appelés pour quelques jours au camp de Saint-Maur et doivent faire leur entrée solennelle dans Paris, avec les députations de l'armée d'Italie. Ils sont ensuite dirigés par Bordeaux, Toulouse et

Béziers, sur leur nouvelle garnison de Nîmes. Le 3ᵉ bataillon fit une route séparée par étapes vers la même destination, en traversant le Piémont, les Alpes et la Savoie. Le dépôt avait quitté Béziers pour se réunir à l'état-major.

A son arrivée à Nîmes, le régiment est reçu avec le plus grand enthousiasme. Les autorités civiles et militaires viennent à sa rencontre à 1 kilomètre de la ville, pour le recevoir. Toute la population nîmoise se presse sur son passage, pour saluer les vainqueurs de Turbigo, de Magenta, de Marignan et de Solférino. Pendant deux jours, la ville, où sont accourues les populations des campagnes, a un air de fête. Un banquet est offert aux officiers du régiment par le conseil municipal dans la salle du théâtre.

1859-1861. — Garnison de Nîmes, d'Alais, d'Uzès, Pont-Saint-Esprit. Le dépôt a quitté Nîmes pour aller à Rhodez.

1861. — Lyon : Détachements de Châlons et de Mâcon. 18 octobre, le régiment reçoit un nouveau drapeau, en remplacement de celui qui avait été glorieusement détruit pendant la campagne d'Italie. Les débris de ce dernier sont adressés au colonel, directeur d'artillerie, pour être déposés au musée de Saint-Thomas d'Aquin.

1862. — Camp de Châlons. — Paris. — Le dépôt quitte Rhodez pour Paris.

1865. — Cherbourg.

1868. — Camp de Châlons et garnison de Valenciennes.

Le 24 décembre, le colonel Sée est appelé à commander le 65°, en remplacement de M. Bittard des Portes, promu général de brigade.

### CAMPAGNE CONTRE L'ALLEMAGNE. 1870.

Le régiment se trouve à Valenciennes au moment de la déclaration de guerre à la Prusse.

Il est appelé à l'armée du Rhin (2° brigade Berger, 3° divison de Lorencez, du 4° corps d'armée, général de Ladmirault).

Le 22 juillet, le régiment se trouve à Thionville.

Du 22 au 6 août, il se trouve en observation sur la frontière, en face de Sarrelouis, dans la vallée de la Nied allemande, exécute des marches et contre-marches sur Kédange, Lacroix, Plistroff, Halstroff, Teterchen, Bouzonville, Boulay. La bataille de Forbach, engagée par le 2° corps, entraîne la retraite du 4°. Le 65° occupe, en retraite, les positions de Courcelles-Chaussy, Cheuby, Sainte-Barbe, Chieulles. Il n'a pas encore rencontré l'ennemi, dont les masses énormes suivent de près nos trop faibles colonnes, à peine organisées.

Le 12 août, le 65° campait à 6 kilomètres du camp retranché de Metz.

A 3 heures de l'après-midi, le 65° quittait son campement pour passer la Moselle; le 3° bataillon, formant l'arrière-garde, était précédé d'une batterie d'artillerie. L'insuffisance des deux ponts établis sur la Moselle rend le passage très-difficile; à 6 heures du soir, il n'y avait encore sur la rive gauche que les 1ᵉʳ et 2ᵉ bataillons. Le 3ᵉ se trouvait encore dans l'île, et s'apprêtait à passer, lorsqu'il fut arrêté par le général commandant en chef le 4ᵉ corps, qui lui donna l'ordre de poser les sacs à terre, et de se porter au secours des troupes engagées sur les hauteurs voisines du fort Saint-Julien. Le 2ᵉ, et ensuite le 1ᵉʳ bataillon, ne tardèrent pas à recevoir le même ordre; les sacs furent déposés, et la Moselle fut de nouveau passée.

En arrivant sur les hauteurs, le régiment fut formé en une seule colonne de bataillons, en colonne à demi-distance, la gauche en tête ; il se trouvait en 3ᵉ ligne. M. le colonel Sée fait déployer les bataillons vers la droite ; le 3ᵉ bataillon a sa gauche appuyée à la route de Metz à Bouzonville. Une fusillade très-vive s'étant fait entendre à la gauche de nos positions, le régiment marche en avant sans tirer un coup de fusil.

A 9 heures 1/2 du soir, le feu cessait; le 65ᵉ n'avait brûlé qu'une centaine de cartouches. Le ciel était éclairé par l'incendie des villages que les Prussiens repoussés brûlaient en se retirant.

Bien que fortement exposé aux projectiles de l'artillerie ennemie, le 65ᵉ ne perdit à Borny que 16 hommes et 1 officier, M. Léveillé, sous-lieutenant, blessé grièvement.

Le 15 août, à 2 heures du matin, le 65ᵉ quitte le champ de bataille et n'arrive à son campement de la rive gauche, vers Lorry, qu'à 2 heures 1/2 du soir. La marche était pénible et embarrassée par suite de l'insuffisance des ponts.

Le régiment part le 15, à 6 heures du soir, et se porte par Tignomont dans la direction de Lessy, où il n'arrive que le 16, à 9 heures du matin. A tout moment il est arrêté par l'embarras des chemins. La fatalité voulut qu'il mît quinze heures pour faire 6 kilomètres.

Dès ce moment, le canon de Gravelotte se faisait entendre. Il dure toute la journée. La 3° division reste sur les hauteurs de Lessy jusqu'à 3 heures. Elle ne put malheureusement prendre une part directe à la lutte formidable qui était engagée; elle eût peut-être, en arrivant plus tôt, amené un résultat décisif. Elle parcourt une partie du champ de bataille, passe à Amanvilliers, Jouaville, et arrive à Doncourt en Jarnisy, sur l'une des routes qui, partant de Gravelotte, se dirigent sur Verdun. Il était alors 9 heures du soir. Le 1er bataillon restant en réserve, les 2° et 3°, après avoir déposé les sacs, font une démonstration en avant de Doncourt, que les Prussiens viennent d'abandonner.

L'ennemi étant signalé, la 3° division prend position à côté de Doncourt; l'ordre de battre en retraite ayant été donné, elle vient s'installer au-dessous d'Amanvilliers.

L'ennemi est signalé comme venant d'Ars et de Gravelotte; le 65° prend les armes vers midi, laissant au camp, par ordre, les sacs de la troupe et les bagages des officiers; les voitures régimentaires avaient été mises à la disposition du service administratif, pour aller chercher des vivres à Metz.

Vers une heure de l'après-midi, les 3 bataillons étaient mis en bataille en 2° ligne par le général de brigade Berger, à gauche du village d'Amanvilliers, et en arrière du campement du 43°, sur lequel l'action était engagée depuis plusieurs heures.

Bientôt, le 2° bataillon est envoyé en 1ʳᵉ ligne par le général Grenier, pour relever un bataillon du 43°; un peu plus tard, le 1ᵉʳ bataillon fit un mouvement semblable, et, vers la fin de la journée, le 3° bataillon, qui n'avait pas fait feu, prenait la place du 2°, qui se retirait faute de munitions.

Depuis 2 heures jusqu'à la fin de la journée, le corps entier se trouva sous le feu écrasant de l'artillerie ennemie. Notre artillerie, après avoir engagé la lutte avec vigueur, dans une position qui était commandée par celle de l'ennemi, manqua bientôt de munitions et dut s'éloigner. A plusieurs reprises, les bataillons du 65° se rapprochent des batteries prussiennes, que couvrent des colonnes profondes, abritant une marche de flanc vers la droite du champ de bataille.

A 5 heures du soir seulement nous répondons par un feu de mousqueterie. Guidés par leurs officiers, les hommes donnent l'exemple d'une froide intrépidité; les culasses mobiles ne jouant plus dans le canon, on les voit, avec un calme admirable, démonter et remonter leurs fusils, pendant que les boulets, la mitraille et les balles exercent des ravages dans les rangs.

A la tombée de la nuit, l'ennemi s'étant approché du 1ᵉʳ bataillon, il s'ensuivit un engagement corps à corps, pendant lequel un certain nombre d'hommes furent enveloppés et reçurent des coups de crosse. Mais ils parvinrent à se dégager. Les Prussiens s'étaient approchés en levant la crosse en l'air. Ils se retirèrent en laissant un grand nombre de morts.

Le feu dura jusqu'à la nuit close. Les 3 bataillons conservèrent leur emplacement sur la ligne de bataille ; les 1er et 2e rentrèrent au camp vers 9 heures, et le 3e vers 10 heures 1/2.

Les pertes éprouvées par le corps furent, pour les officiers : le colonel Sée, blessé grièvement au pied gauche par un éclat d'obus, vers 4 heures 1/2 de l'après-midi ; le commandant du 1er bataillon, M. Langlet, tué par un obus ; le commandant du 3e bataillon, M. François, eut la cuisse enlevée par un éclat d'obus, mort le lendemain ; le commandant du 2e bataillon, M. Grenier, blessé grièvement à la cuisse gauche d'un éclat d'obus, mort le 12 septembre ; les capitaines Coly et de Ferluc, tués, ainsi que MM. Letellier et Cherel, sous-lieutenants.

Ont été blessés : MM. Vigneau, mort le 25 août ; Teillay, Barrey, Bouyssonnet, capitaines ; Borrel, Raison, Landais, Dupuy, Mouton, lieutenants ; Bauzin, Bréville, Crottet et Salinié, sous-lieutenants.

Les pertes de la troupe furent les suivantes :

Tués, 133 ; blessés, 315 ; disparus, 173 ; total, 621.

Dans cette journée, le corps entier fit noblement son devoir. Officiers et troupes ont montré une vigueur et une ténacité remarquables devant l'ennemi. Il reçut le soir même les félicitations de son général de division.

Se sont fait remarquer particulièrement, par leur vigueur et leur activité pendant toute cette journée :

MM. Teillay, capitaine, qui a, malgré sa blessure, remplacé son chef de bataillon hors de combat, et a montré beaucoup de vigueur au feu ;

Jubault, Moulin, Bérenger, capitaines adjudants-majors ;

Martin, Vigneau, de Ferluc, Barrey, capitaines; Dupuis, Landais, Borrel, Mouton, lieutenants; Salinié, porte-drapeau; Letellier et Bréville, sous-lieutenants.

Vers minuit, le 65° quitte son campement; le 3° bataillon est d'arrière-garde et escorte toute l'artillerie de réserve du corps d'armée.

L'investissement de la ville de Metz a commencé.

Le 65° occupe successivement les campements de Lorry et de Tignomont.

Le 26, à 5 heures du matin, il part dans la direction de Borny.

Toute l'armée se trouve réunie sur le plateau où fut livrée la bataille du 14. Un orage survient, les troupes reçoivent l'ordre de reprendre leurs emplacements. Le 65° revient à son camp, après une marche de nuit très-pénible et extrêmement embarrassée.

Il part du col de Lessy pour se rendre en avant du château de Grimont. Il s'établit perpendiculairement à la route de Sainte-Barbe. Vers midi, toute l'armée occupe les positions du 26. L'ordre d'attaquer n'est donné qu'à 4 heures du soir. Le 65° est en 3° ligne et occupe le bois de Grimont, que fouillent les projectiles de l'artillerie ennemie; quelques hommes sont tués. Vers 9 heures, un de ses bataillons s'était avancé jusqu'au bivouac des Prussiens. Le régiment coucha sur le champ de bataille. La section de partisans, sous les ordres de M. Lestage, concourt à la prise de Servigny, qui fut enlevé à la baïonnette.

Dès l'aube du jour, le 65° prenait sa place de bataille à cheval sur la route de Bouzonville. Il resta pendant quatre heures et demie exposé au feu extrêmement vif de l'artillerie ennemie. Il ne brûla pas une cartouche.

La brigade Berger couvre la retraite du 4° corps. Ce mouvement de retraite s'exécuta avec un ensemble admirable, en bataillons déployés, avec toute la précision du champ de manœuvre.

A 5 heures du soir, le 65° venait occuper le col de Lessy.

Il n'avait perdu qu'une quinzaine d'hommes.

Le 9 septembre, vers 7 heures du soir, par un orage affreux, le régiment est assailli dans son camp par une grêle de projectiles, envoyés par des pièces volantes que l'ennemi avait rapprochées. Les hommes se portent en avant dans les tranchées. Le feu cesse à 11 heures du soir, sans avoir causé aucune perte.

Jusqu'à la fin du mois de septembre, les hommes sont employés aux travaux des forts de Saint-Quentin et de Plappeville, et perfectionnent les tranchées qui se trouvent entre ces deux forts.

La compagnie de partisans appuie l'attaque du 33°, chargé d'enlever le chalet Billaudel, qui servait à l'ennemi d'observatoire. Cette compagnie, sous le commandement de M. le capitaine Balay, couvre l'attaque; le sergent Dums, du 65°, arrive le premier dans le chalet, et ceux qu'il a conduits ne perdent pas un homme. Le 33ᵉ eut une centaine d'hommes tués ou blessés.

Le temps devient affreux; les pluies d'automne défoncent les terrains argileux et les routes. Les hommes campent dans l'eau. Les diverses rations diminuent. Le soldat conserve sa gaieté, son humeur française et l'espoir d'être incessamment appelé à franchir le cercle de fer qui l'étouffe. Mais l'ordre ne vient pas. Le 14 octobre, on entend la canonnade de Verdun, et l'on croit à une bataille dans la plaine d'Amanvilliers. Cette espérance est bientôt déçue.

Du 15 au 20 octobre, le 65ᵉ occupe les tranchées entre Lessy et le chalet. Les avant-postes ennemis tiraillent jour et nuit; un léger ressaut de terrain les sépare de nos grand'gardes. Nous perdons quelques hommes tués ou blessés.

Le régiment prend, entre Tignomont et Lorry, le camp du 33ᵉ, qui vient le remplacer aux tranchées de Lessy.

Les distributions cessent complétement. Les commandants de compagnies parviennent à trouver quelques vivres pour leurs hommes.

Le moment des sorties possibles est passé.

Les hommes tombent d'anémie, les chevaux meurent abandonnés sur les routes.

Communication du protocole. Le 65ᵉ porte ses armes au fort de Saint-Quentin.

Les hommes désarmés sont conduits aux avant-postes prussiens; les officiers rentrent prisonniers dans le camp retranché de Metz.

Nous n'avons pas ici la mission de commenter ces lamentables événements. Il appartient à l'avenir et à l'histoire générale de les juger dans son impartiale sévérité.

Qu'il nous suffise ici de rendre hommage à l'infortune et au courage de ces vaillantes légions, qui s'appelèrent l'armée du Rhin, et furent une des plus belles armées que la France ait jamais eues.

Elles furent prisonnières sans avoir été vaincues; elles avaient livré, sans être entamées, plusieurs fois avec succès, des batailles gigantesques, qui comptent parmi les plus grandes du siècle.

Le 65°, en particulier, peut rappeler sa part de gloire dans l'histoire de ce corps d'armée, qui a pour titre de noblesse Borny, Gravelotte, Amanvilliers.

Il faut jeter un voile sur ce vaillant drapeau, qui portait les inscriptions de Friedland, de Stralsund, d'Astorga, d'Orthez, d'Anvers, de Magenta, de Solferino[1]. L'ennemi nous l'avait disputé à Magenta, dans une lutte terrible; le canon et la mitraille l'avaient mutilé; sur le champ de Saint-Privat, les colonnes de l'ennemi, plusieurs fois supérieures en nombre, armées de tous les engins qu'avait préparés dans l'ombre une organisation presque séculaire, n'avaient osé l'approcher, et avaient dû respecter sa fière attitude.

Il appartient aux soldats de l'avenir, dans un temps qui n'est pas éloigné, à cette génération nouvelle que les soins de la patrie appellent tout entière au noble

---

[1] Friedland, 1807; Stralsund, 1807; Astorga, 1850; Orthez, 1814; Anvers, 1832; Magenta, 1859; Solférino, 1859.

service des armes, de rechercher ses débris sur une terre que nos aînés ont foulée si souvent et où ils ont tant de fois connu la victoire. Dans le comble de l'infortune, une espérance s'est élevée; la France, surprise et non vaincue, est là avec toutes ses ressources, dont elle saura cette fois profiter.

La revanche sera le blason de ses nouveaux étendards.

Ce cri a été jeté dès la première chute, et l'on sait que la France n'a jamais manqué de parole.

Le 4° bataillon, formé à 4 compagnies de 140 hommes, était parti de Valenciennes, le 13 août, sous les ordres du commandant Depas-Larat, à destination du camp de Châlons. Il était composé de jeunes soldats, auxquels il fallait donner à la hâte un commencement d'instruction militaire.

Le 4° bataillon du 65° concourut, avec les 4°⁵ bataillons des 91° et 94° de ligne, à la formation du 4° régiment de marche, sous les ordres du lieutenant-colonel Chauchard, et fit partie du 12° corps d'armée, commandé par le général Lebrun.

Arrivé au camp de Châlons le 13 août, il en repart le 21, traverse successivement Reims, Rethel, le Chêne-Populeux, et passe sur la rive droite de la Meuse à Mouzon, le 29 août au soir, pour prendre position de combat sur les hauteurs qui dominent cette ville et une grande étendue de la vallée de la Meuse.

Le lendemain 30, le général de Failly est attaqué à Beaumont, et la bataille continue à Mouzon, soutenue par tout le 12° corps, jusqu'à 10 heures du soir. Mouzon est en feu.

Départ du 12ᵉ corps vers Sedan, dans la nuit du 30 au 31 août. Le 65ᵉ est désigné pour protéger ce mouvement; il se déploie sur la rive droite de la Meuse, dans la nuit, sous les ordres du commandant Depas-Larat.

Les Prussiens sont sur la rive gauche. On les entend parler. Ils emploient toute la nuit à enlever leurs morts et leurs blessés.

Sa mission terminée, le bataillon rejoint, à la pointe du jour, le corps d'armée qui entend la canonnade de Carignan, et atteint vers le soir les hauteurs de Sedan. Il campe à Balan et à Bazeille, appuyant sa droite à la Meuse. Le 65ᵉ occupe les hauteurs qui occupent le bois de la Garenne. Il assiste pendant toute la journée à la bataille de Sedan, où les Prussiens ont engagé des forces trois fois supérieures, et une artillerie formidable. Refoulé à la fin de la journée vers les fossés de la ville, désuni, écharpé par la masse des cavaliers, de l'artillerie et des voitures en désordre, autant que par le feu de l'ennemi, il ne comptait plus alors que quatre ou cinq officiers et 250 hommes; le reste était tué, blessé ou prisonnier. Au nombre des morts était M. le capitaine adjudant-major Bizet, qui fut tué vers 10 heures du matin, en allant chercher des ordres auprès de M. le général de division. Le capitaine Mancel reçoit un éclat d'obus à la cuisse. Le lieutenant Pancrazi, de la même compagnie, fut atteint d'une balle qui lui brisa l'omoplate gauche en combattant sur la ligne des tirailleurs. Le sous-lieutenant Lancien fut contusionné par un éclat d'obus, qui enleva quelques hommes à côté de lui.

Tous, officiers, sous-officiers, jeunes soldats, firent leur devoir noblement. Il y a des circonstances plus fortes que toutes les volontés humaines. Le bras du destin était suspendu sur notre armée.

Après les désastres de Sedan et de Metz, il ne restait du 65° que les deux compagnies de dépôt à Valenciennes.

Ces deux compagnies servirent à former successivement :

1° Une compagnie qui fut envoyée à Paris et incorporée dans le 39° régiment de marche ;

2° Une compagnie qui fut envoyée à l'armée de la Loire et fut incorporée, le 18 septembre, dans le 33° de marche, à Bourges ;

3° Deux bataillons qui opérèrent dans le nord, et qui plus tard furent réunis au 65° régiment de marche, formé le 9 décembre à Bourges.

Le 1ᵉʳ bataillon de marche du 65° (armée du Nord) est constitué à 5 compagnies de 250 hommes, le 6 novembre.

Le 22 novembre, départ de Valenciennes sur Amiens, sous le commandement du chef de bataillon Enduran. Ce bataillon, cantonné à Amiens, fait partie de la 1ʳᵉ brigade de la 1ʳᵉ division du 22° corps.

Ce bataillon fut considéré un instant comme faisant partie du 67° de marche.

Le 24 novembre, il opère une reconnaissance offensive contre l'avant-garde de la 1ʳᵉ armée allemande, près de Mézières (Somme). Il n'a pas été engagé.

Le 26 novembre, le bataillon quitte Amiens pour se

rendre à Corbie; le 27, une bataille s'engage sur les hauteurs de la rive gauche de la Somme, auprès de la petite ville de Villers-Bretonneux.

Le bataillon laisse la 1re compagnie à Corbie; la 5e est à droite de Villers-Bretonneux, la 4e en soutien, les deux autres à gauche. La 5e renforce la ligne de tirailleurs, composés de mobiles qui faiblissaient.

Le lieutenant Barbier de Villeneuve prend le commandement d'une compagnie de mobiles momentanément sans officiers, et ces deux compagnies réunies enlevèrent, après deux heures de lutte, une butte entourée de palissades, où les Prussiens s'étaient retranchés. M. Barbier de Villeneuve est frappé mortellement. Notre artillerie se retire faute de munitions. Les mobiles cèdent, entraînant la troupe de ligne. Villers-Bretonneux est évacué.

Les deux compagnies de gauche reçoivent, en tirailleurs, une charge de cavalerie.

Le bataillon perdit 73 hommes et 3 officiers (M. Barbier, lieutenant, tué; MM. Paulet et Kuntzel, sous-lieutenants, blessés).

Le 29 novembre, retraite du bataillon sur Arras.

Le 30, retour au dépôt à Valenciennes. Le bataillon se réorganise.

Le 4 décembre, départ de Valenciennes pour Cambrai, 1re brigade (Deroja, colonel), 1re division (Lecointe), 22e corps (Faidherbe).

Le 7, les opérations recommencent. Marche sur Saint-Quentin.

Le 9, la division s'empare par surprise de la ville de

Ham et de ses défenseurs; le bataillon y prend part. La prise de Ham est un brillant fait d'armes, qui fait honneur à la jeune armée du Nord.

Le 11, il arrête une reconnaissance prussienne, que transportait un train, et s'empare de ses éclaireurs.

Du 11 au 18, série de coups de main. La division se dirige sur Amiens, que l'ennemi évacue, en laissant un détachement dans la citadelle.

Le 19, l'armée prend ses dispositions de bataille dans la vallée de l'Hallue, sur la rive droite de la Somme. Le bataillon est cantonné à Contay.

Du 20 au 22, divers engagements partiels, où le bataillon n'assiste pas.

L'ennemi s'est groupé autour d'Amiens.

Le 23, à 9 heures du matin, le bataillon passe sur la rive droite de l'Hallue, menaçant la gauche allemande, dont on attendait l'attaque. Les fortes positions françaises l'empêchent d'avancer. A 4 heures, la droite de notre ligne, dont fait partie le 65°, dessine un mouvement tournant que la nuit arrête.

On bivouaque sur la place par un froid de 10 degrés.

Le lendemain, l'attaque des Prussiens, qui avaient reçu du renfort, se borna, du côté où était le bataillon, à un engagement de tirailleurs.

A 2 heures, la division reçoit l'ordre de se porter en arrière.

L'ennemi ne cherche pas à s'y opposer.

Du 24 au 27, l'armée se dirige sur la Scarpe et la traverse pour s'établir entre Arras et Douai; le bataillon est cantonné à Fampoux.

Le 27 arrive à Arras le 2ᵉ bataillon de marche du 65ᵉ (5 compagnies à 250 hommes).

Ce bataillon passe au 23ᵉ corps (général Paulze-d'Ivoy), où il fait partie de la 2ᵉ brigade (Delagrange, capitaine de frégate) de la 1ʳᵉ division (contre-amiral Payen); il rejoint sa brigade à Tilly-lez-Mofflènes.

Le 1ᵉʳ janvier, marche de l'armée sur Bapaume.

Le 1ᵉʳ bataillon arrive à Beaumetz-les-Loges, le 2ᵉ à Guémappe.

Le 2 janvier, le 1ᵉʳ bataillon est à Achiet-le-Petit. Le 2ᵉ bataillon prend part à la prise de Behagnies.

L'attaque commence dès le matin. Le 1ᵉʳ bataillon enlève la voie ferrée à la droite d'Ervillers, malgré un feu très-vif d'artillerie et d'infanterie embusquée.

L'ennemi n'a pas le temps d'évacuer complétement le village. Deux compagnies se portent sur Avesnes, qu'elles contribuent à enlever; une autre entre dans Ervillers. Le commandant Enduran tombe deux fois blessé. Il est remplacé par le capitaine Estrabeau. Le bataillon s'empare ensuite de Tilloy, de concert avec le 24ᵉ.

Le 2ᵉ bataillon gravit les hauteurs en avant de Sapignies, s'empare d'un moulin, où il fait quelques prisonniers, pénètre dans Favreuil malgré un feu très-vif, pendant qu'une de ses compagnies enlève Beugnâtre.

A la nuit tombante, on était victorieux sur toute la ligne. Le lendemain, le 1ᵉʳ bataillon recevait les félicitations du général en chef pour la vigueur avec laquelle il avait enlevé les villages occupés par l'ennemi.

Les deux bataillons avaient perdu environ 200

hommes et 6 officiers (MM. Escoffier et Marion, tués; MM. Enduran, chef de bataillon; Boucher, lieutenant; Cazeville, sous-lieutenant, blessés; M. Auzépy, prisonnier avec sa section dans un faubourg de Bapaume).

Du 4 au 8, l'armée contourne autour de Boisleux.

Du 9 au 11, marche en avant; le 11, entrée à Bapaume; le 14, entrée à Albert. A partir du 16, marches forcées très-pénibles, pour gagner le sud de Saint-Quentin, en se dérobant à l'ennemi.

Le 1$^{er}$ bataillon s'empare de quelques cavaliers. Le soir, la grand'garde, commandée par le capitaine Malafosse, repousse plusieurs attaques successives.

Le 17, marche très-pénible jusqu'à 11 heures du soir; le 18, le 23$^e$ corps est engagé du côté de Beauvais. Le 2$^e$ bataillon défend les bois entre Caulincourt et Vermand, et supporte vaillamment, pendant deux heures, une très-vive canonnade. Le 1$^{er}$ bataillon se porte au canon; il n'est pas engagé.

Retour à Saint-Quentin à minuit. On bivouaque autour de la ville.

Le lendemain 19 janvier, à 8 heures du matin, la bataille s'engage face au sud entre Gauchy et Grugis. La supériorité de l'ennemi est écrasante. Six fois ses attaques sont repoussées. Le 1$^{er}$ bataillon, envoyé au secours du 24$^e$ qui faiblissait, rétablit la lutte en enlevant les hauteurs, fait reculer l'ennemi, qu'il prend de flanc, est refoulé lui-même par des troupes fraîches et de l'artillerie, s'empare de nouveau des positions qu'il a prises une première fois. Il est enfin obligé de battre en retraite après avoir subi de grandes pertes. La droite de la division était débordée.

Le 2ᵉ bataillon, entre Roupy et le bois de Francilly, soutient le feu de 9 heures du matin jusqu'à la nuit. A 6 heures 1/2, il reçoit l'ordre de battre en retraite sur la route de Cambrai. Mais Saint-Quentin était déjà occupé par l'ennemi. Quelques hommes se défendent dans les maisons, les autres se dispersent, une grande partie tombe entre les mains des Prussiens.

Ces deux journées étaient funestes. Le 2ᵉ bataillon, après avoir perdu de 150 à 200 hommes tués ou blessés, laissait près de 300 prisonniers et se trouvait dispersé.

Le 1ᵉʳ bataillon n'avait plus 300 hommes. 2 officiers étaient blessés : MM. Prévost et Rolland ; 5 étaient prisonniers de guerre.

Le 1ᵉʳ bataillon se dirige par une marche de nuit sur Cambrai, qu'il atteint dans la matinée.

Le 20, il repousse un parti de Prussiens qui menaçaient la ville, fait quelques prisonniers, et s'empare de 3 voitures.

Le 21, retour par voie ferrée sur Valenciennes.

Le 24, cantonnement près d'Arras.

Le 28, le 1ᵉʳ bataillon est réuni au 2ᵉ (23ᵉ corps) et forme le 65ᵉ de marche, sous les ordres du lieutenant-colonel Jacob.

Le 29, armistice. Le 9 février, départ pour Saint-Omer ; arrivée le 11.

Le 5 mars, licenciement de l'armée du Nord.

Du 5 mars au 1ᵉʳ octobre 1871, garnison de Valenciennes et de Condé.

Le 65ᵉ de marche a été formé à Bourges le 9 décembre 1870, d'éléments divers.

Le capitaine Valette, le chef de bataillon Ermenge, le lieutenant-colonel de Brême et le colonel de Barolet en eurent successivement le commandement.

Le 27 décembre, le 65ᵉ de marche arrive à Cherbourg ; il est alors sous le commandement du lieutenant-colonel de Brême.

Le 7 janvier 1871, il est désigné pour faire partie du 19ᵉ corps, 2ᵉ brigade de la 2ᵉ division (général Girard).

Le 14 mars, le 19ᵉ corps est licencié. Le 65ᵉ de marche est dirigé sur Toulouse.

Le 5 avril, il arrive à Limoges, où des troubles sérieux viennent d'éclater ; le 21, il est à Versailles. Il est désigné pour faire partie de la 2ᵉ brigade (général Berthe), de la 1ʳᵉ division (général Faron), de l'armée de réserve (général Vinoy). Il campe à Viroflay.

### SIÉGE DE PARIS. 1871.

Le 25, toute la brigade relevait dans ses positions la brigade La Mariouze, qui investissait le fort d'Issy, occupé par les insurgés. Le 65ᵉ prend position à la ferme des Triveaux pour concourir aux opérations du siége des forts d'Issy et de Vanves. Il prend part successivement aux combats des Moulineaux, du parc et du château d'Issy, à l'enlèvement des barricades du village d'Issy et à tous les travaux de tranchée. Il assiste à la reddition du fort. Dans ces diverses opérations il perdit 22 hommes tués et 90 blessés, dont 4 officiers : MM. Collot et Rousseau, lieutenants ; Guyard et Maitre, sous-lieutenants.

Il reçut les récompenses suivantes :

*Légion d'honneur*. — Officier : M. de Brême, lieutenant-colonel.

Chevaliers : MM. Belin, chef de bataillon, et Metton, capitaine adjudant-major.

*Médaille militaire*. — Jacob, sergent ; Calvari, caporal ; Jacquier, Krin, Seigneuret, Poupard, Horaulot et Seboudout.

Le 14 mai, le régiment reçoit comme colonel M. de Barolet, ancien colonel du 27° de ligne.

Le même jour, la brigade était relevée à la ferme de Triveaux et au Val-Fleury par la brigade Bochet, et venait prendre position à la ferme des Bruyères, pour continuer, comme brigade de soutien, les opérations du siége contre Vanves et le corps de place. Le régiment fut campé à la capsulerie.

Le 22, toute la brigade suivait le 2° corps dans son mouvement en avant sur Paris et venait, le même jour, en passant par la porte de Sèvres et le champ de Mars, prendre position au pont de Grenelle et à l'usine à gaz de Passy.

Le 24, le régiment occupait l'École militaire, l'Arc de triomphe, le Trocadéro, et dans la soirée la gare Montparnasse. Le 28, il occupait les ateliers de la gare de Lyon, toujours en réserve.

Enfin, le 30, il prenait possession du xix° arrondissement à la Villette pour y procéder aux perquisitions et au désarmement de la garde nationale.

Ces opérations terminées sans effusion de sang, le 65° suivait la brigade au camp de Villeneuve-l'Étang le 15 juin; il y restait jusqu'au 2 juillet.

A la date du 2 juillet, la brigade Berthe quitte la division Faron et devient 1<sup>re</sup> brigade de la 3° division du 5° corps. Le 65° occupe le camp de Meudon.

Le 18, il entre avec le 5° corps à Paris et occupe le quartier du Prince-Eugène.

Le 65° obtient les récompenses suivantes :

*Légion d'honneur.* — Officier : M. le colonel de Barolet.

Chevaliers : MM. Gachen, Franchesquin, Juge.

*Médaille militaire.* — Folain, Sanbucy, Michaux, sergents-majors; Robin, sergent; Pélier, Rebeyrol, Donnelek, Rull, Aubaret, soldats.

Le 29 août, M. le colonel du Guiny venait prendre le commandement du 65°, les fractions de Valenciennes et de Paris se trouvant nominalement réunies.

Les deux bataillons de Valenciennes formèrent un 4° bataillon.

La fusion complète étant opérée le 1<sup>er</sup> octobre 1871, le régiment fait partie de la 1<sup>re</sup> brigade (général Berthe), de la 3° division (général Pellé), du 5° corps d'armée (général Clinchant).

Garnison de Paris. Dépôt et 4° bataillon à Valenciennes.

Le 28 mars 1872, le régiment quitte Paris pour le camp de Villeneuve-l'Étang.

Le 18 mai, le dépôt, qui a quitté Valenciennes, arrive à Orléans.

Le 28 septembre 1873, l'armée de Versailles est dissoute.

Le 1$^{er}$ octobre, le 65$^e$ est placé dans le 11$^e$ corps d'armée (général Lallemand), 21$^e$ division (général le Poittevin de la Croix de Vaubois), 41$^e$ brigade (général Berthe).

Les deux premiers bataillons restent provisoirement à Paris; le 3$^e$ et le dépôt doivent se diriger sur la région assignée au 11$^e$ corps d'armée. Ils devaient occuper Quélern, mais Ancenis leur est définitivement assigné.

Dans sa séance du 11 octobre, le président du 2$^e$ conseil de guerre adresse des éloges au caporal Dubost, de la 4$^e$ compagnie du 3$^e$ bataillon, pour son énergie dans les circonstances qui suivent :

Le soldat Mattéi avait frappé un de ses camarades d'un coup de couteau, et s'était mis en état de défense en saisissant un sabre-baïonnette qui se trouvait à sa portée.

Le caporal Dubost s'est jeté résolûment sur cet homme furieux, le saisit à la gorge, le désarme et lui retire de sa poche son couteau tout rempli de sang.

Le 15 octobre, 3 compagnies que le sort avait désignées quittent le 65$^e$ pour aller à Nantes concourir à la formation du 137$^e$ de ligne.

Le 20 octobre, départ pour Paris des 1$^{er}$ et 2$^e$ bataillons.

Le 21 octobre, départ du 3$^e$ bataillon pour Ancenis.

D'après le rapport de la police municipale de Paris

en date du 5 juillet, le nommé Bélargent (Charles-Joseph), soldat au 65° de ligne, 1er bataillon, 4e compagnie, a prêté son concours aux gardiens de la paix Baudin et Moyeux qui procédaient à l'arrestation de deux individus, dont la résistance était des plus vives et avait occasionné un rassemblement d'environ 250 personnes.

Le général de brigade a été l'interprète de M. le général gouverneur de Paris et de M. le général de division, en félicitant le nommé Bélargent, qui mérite des éloges pour avoir prêté son concours aux agents de la force publique.

Le 1er septembre 1874, le 3e bataillon du 65e, parti d'Ancenis le 26 août, arrive au camp de manœuvre de Granchamp (Morbihan), sur la lande de ce nom. Commandé par son chef de bataillon, M. Fabre, il forme avec le 3e bataillon du 64e un régiment de marche sous les ordres du lieutenant-colonel de Mollans, du 64e. Il fait partie de la 1re brigade (général Giraud), de la division Faron. Le général Lallemand, commandant le 11e corps d'armée, assiste aux opérations, pour lesquelles on met en pratique le système nouveau des arbitres. — Toutes ces troupes reçoivent des félicitations pour leur intelligente activité. Le camp est dissous le 16.

Le 1er octobre, départ du régiment pour le camp de Saint-Germain.

Cybert (Claude), soldat de 1re classe à la 3e compagnie du 1er bataillon, remplissant les fonctions d'infirmier auxiliaire à l'hôpital militaire de Rambouillet, est mort le 19 décembre, victime de son dévouement en donnant ses soins à des malades atteints de la fièvre typhoïde.

Un piquet d'honneur, envoyé par le commandant d'armes, a suivi le convoi, auquel ont assisté les officiers de santé et d'administration, ainsi que tous les infirmiers militaires et auxiliaires dudit établissement.

Cybert est mort en soldat, comme sur le champ de bataille.

C'est un bel exemple à imiter, et, tout en déplorant sa perte, le colonel cite avec fierté ce brave soldat du 65° à l'ordre du régiment.

Une copie de l'ordre a été envoyée à sa famille; le regret et l'admiration des camarades de Cybert seront peut-être un adoucissement à sa trop juste douleur

# FAITS HISTORIQUES

### SUIVANT L'ORDRE CHRONOLOGIQUE

1806. Défense de Flessingue.
— Félicitations adressées au 65ᵉ par le roi de Hollande.
1807. Stralsund, Friedland, passage de la Pregel.
1809. Ratisbonne (Stadt-am-Hoff).
1810. Astorga, Bussaco, Coïmbre.
1811. Reconnaissance sur la ville de Rio-Mayor.
— Journée de Fuentès de Onôro.
1812. Investissement de Ciudad-Rodrigo.
— Bataille de Salamanque.
1813. Combat devant Astorga. Bataille d'Orthez.
1814. Bataille de Toulouse.
1815. Le 65ᵉ va combattre l'insurrection vendéenne.
— Il prend ensuite le nom de « Légion des Pyrénées-Orientales ».
1830. Formation du nouveau 65ᵉ.
1831. Première campagne de Belgique.
1832. Seconde campagne de Belgique. Siége d'Anvers.
— Enlèvement d'assaut de la lunette Saint-Laurent.
1833. Récompenses décernées à la suite de la campagne de Belgique.
— Trait de courage du fusilier Jeanniot.
1835. Affaire de Domgermain, près Toul.

1842. Trait de sauvetage des nommés Lebrusg et Divan.
1844. Trait de sauvetage du voltigeur Riffaud.
— Trait de courage du nommé Vivien.
— Trait de sauvetage du nommé Stenger.
1846. Trait de courage du fusilier Derny.
1848. Trait de sauvetage du tambour Vigié.
1851. Trait de sauvetage du grenadier Castel.
— Expédition dans la forêt de Dornecy.
1854. Campagne d'Afrique.
1856. Expédition en Kabylie.
1857. Expédition en Kabylie (colonne de Boghny).
1859. Retour en France. Campagne d'Italie.
— Bataille de Magenta et récompenses décernées à la suite.
— Bataille de Solférino, et récompenses décernées à la suite.
1870. Campagne contre l'Allemagne.
— Bataille de Borny.
— Bataille de Gravelotte et défense des lignes d'Amanvilliers.
— Capitulation de Metz. Inscriptions du drapeau.
— Le 4e bataillon du 65e à Sedan.
— Historique des deux bataillons du 65e qui ont opéré dans le Nord.
— Villers-Bretonneux, Pont-Noyelle-Contay.
1871. Bapaume, Saint-Quentin.
— Historique du 65e de marche, formé à Bourges le 9 décembre 1870.
— Siége de Paris.
— Entrée dans Paris.
1873. Trait de courage du caporal Dubost.
1874. Félicitations adressées au soldat Bélargent.
— Dévouement du soldat Cyber...

Evreux, A. Hérissey & Fils, imp. — 375.

ÉVREUX, IMPRIMERIE DE A. HÉRISSEY ET FILS.

www.ingramcontent.com/pod-product-compliance
Lightning Source LLC
Chambersburg PA
CBHW070259100426
42743CB00011B/2274